U0387954

陈根 编著

设计营销及经典案例点评

化学工业出版社

·北京·

本书从设计的价值谈起，以理论＋案例的形式详细介绍了设计营销研究的对象、方法、策略及主要研究内容。本书案例与理论时刻相随，结合非常紧密，对读者理解内容很有帮助。本书适合从事产品设计和市场营销的人员学习参考，也可作为高等院校艺术设计专业学生的教材和参考书。

图书在版编目（CIP）数据

设计营销及经典案例点评 / 陈根编著 . —北京：化学
工业出版社，2016.5（2023.8重印）
（设计时代）
ISBN 978-7-122-25577-8

Ⅰ.① 设… Ⅱ.① 陈… Ⅲ.① 产品设计 - 市场营销
Ⅳ.①TB472②F76

中国版本图书馆 CIP 数据核字（2015）第 259527 号

责任编辑：王　烨　　　　　　　　　文字编辑：谢蓉蓉
责任校对：宋　玮　　　　　　　　　装帧设计：尹琳琳

出版发行：化学工业出版社（北京市东城区青年湖南街 13 号　邮政编码 100011）
印　　装：北京虎彩文化传播有限公司
787mm×1092mm　1/16　印张 13½　字数 282 千字　2023 年 8 月北京第 1 版第 7 次印刷

购书咨询：010-64518888　　　　　　售后服务：010-64518899
网　　址：http://www.cip.com.cn
凡购买本书，如有缺损质量问题，本社销售中心负责调换。

定　　价：59.00元　　　　　　　　　　　　　　　　版权所有　违者必究

前言

设计的终极目标是实现设计价值共同体——产品或服务本身的价值、企业的价值、用户的价值以及通过产品或服务表现出来的文化和技术价值。

而设计营销（Design Marketing）就是指设计主体，为了达到一定的设计目标，实现"共同价值"，依据专门的营销理论、方法和技术，对艺术设计对象实施市场分析、目标市场选择、营销战略及策略制定、营销成效控制的全部活动过程。

美国营销大师菲利普科特勒曾说："技术的变化，未来资本主义商业模式的变化，以及消费者的变化和需求的长期低迷，构成了一个大的环境，企业必须通过改变商业模式创造新的价值而重获增长。在众多被忽视的价值中，'善'价值，也就是为利益相关者创造'共享价值'被认为是一个重要的创新路径"。因此，设计营销是实现产品或服务所有的"共享价值"目标的唯一途径。

本书共9章，主要内容包括：从设计价值谈起，通过设计营销实现设计价值，设计执行与管理——设计营销的有效管理，用户价值的实现——设计营销的驱动源泉，产品价值的实现——设计营销的中心载体，品牌价值的实现——设计营销的核心追求，设计组织的营销——设计营销的多样本体，设计营销模式——实现设计价值的个性化创新，广告、包装及空间设计——点滴细节加速设计价值的实现。全书从设计价值及设计营销的基本概念、实现产品价值和品牌价值的核心诉求、设计组织的营销、营销模式创新以及设计营销的细节设计等多维度进行了深入浅出的拓展阐述。

书中图文并茂、案例典型实用、紧跟设计流行趋势，对企业在研究品牌和产品价值定位、营销方式的设计以及营销过程的实施等各方面所可能遇到的问题提供了积极的解决思路。

本书理论与实际相结合，深入浅出、系统全面、可读性强，可以作为企业品牌形象和产品设计战略研究的参考书；可作为从事产品设计、广告策划、品牌管理、营销策划、营销管理等相关方面人员的工作指导书；可作为高校产品、广告、营销、管理类专业的教材，对研究和学习产品设计、品牌建设或设计营销管理的高校师生及其他人员予以启迪和帮助；还可作为营销咨询公司、设计公司、策划公司等相关从业人员的工作指南。

本书由陈根编著。陈道双、陈道利、林恩许、陈小琴、陈银开、卢德建、张五妹、林道姆、李子慧、朱芋锭、周美丽等为本书的编写提供了很多帮助，在此表示深深的谢意。

由于水平及时间所限，书中不妥之处，敬请广大读者及专家批评指正。

编著者

目录

第 1 章

从设计价值谈起

"所有人都是设计师。几乎我们在任何时候所做的任何事情，都是设计，因为设计是所有人类活动的基础。"——维克多·巴巴纳克（Victor Papanek）

· 1.1　设计概念

　　设计诞生并普及的契机，是 18 世纪末发生的工业革命。以往人类所制造的产品，都是由工匠手工制作的工艺品。但是自工业革命以来，人类可以大量生产外形相同的东西，即开始量产。结果产品的形状越趋粗劣，人类开始对整体性不够的外观产生不满，于是英国开始了名为"美术与工艺"（Arts and Crafts）的艺术运动，德国也出现了包豪斯（Bauhaus）设计学校，渐渐形成"设计"的概念。其中以艺术评论家约翰·拉斯基和英国工艺美术运动领导人威廉·莫里斯的影响最为巨大。他们严厉批判粗制滥造的产品和量产的弊端，强调创作的喜悦。两人的主张成为设计的源流，进而带动新艺术（Art Nouveau）等世界各国的设计运动。德国也是最早意识到设计重要性的国家。第一次世界大战后，魏玛政府立即讨论并通过了格罗佩斯关于创建包豪斯学院的建议，由于重视了设计，使德国的产品在国际上独领风骚。美国在一份关于国家科学技术政策的政府文件中，将设计列入了"美国国家关键技术"，成为国民经济发展的重要战略。第二次世界大战后，日本经济百废待兴，日本政府也认识到设计的作用，于是将设计作为日本的基本国策和国民经济发展战略，从而实现了日本的经济腾飞。可以说，设计创造了日本的经济神话。

　　那么，设计究竟是什么呢？

　　我们常常把"设计"两个字挂在嘴边，如那件衣服的设计不错、这个网站的设计很有趣、那张椅子的设计真好用……设计俨然已成日常生活中常见的名词了。但是如果随便找个人问："设计是什么？"可能没几个人回答得出来吧？"表现形状与颜色的方法？"这种模棱两可的答案实在很难解释设计的本意。"设计"就是这样一个名词。从服装设计、汽车设计、海报设计等来看，设计大体来说就是思考图案、花纹、形状，然后加以描绘或输出。目前，设计被广泛用于表示产品的形状（外观）。

　　"设计"的英文是"design"，源自拉丁文的"designare"，意思是"以符号表示想传达的事情（计划）"。从设计一词的来源，可以知道设计原本不是指形状，而是比较偏向计划。当工业时代来临，人类可以大量生产物品之后，必须先提出计划，说明制作过程及成品形式。当 designare 演变为 design 并传入日本的时候，还被翻译为"图案"或"式样"。

图案一般是指平面，而式样则是用来形容立体物品。两者都带有强烈的视觉含义，但是要切记一点，这个词原本就有计划、规划的概念，"图案"中的"案"就有这个概念。比如"人物设计"，就不单单考虑人物的外观和形状，还包含人物资料的设定。像是人物的兴趣、日常生活模式、说话语气等，都涵盖在人物设计之中。而生涯规划中的规划，也有"设计"生活的意义，人类不能仅靠行动过活，还要从经济与健康两方面来拟定人生计划，并付诸实行才对。

那么，设计为何会存在呢？只是作为量产过程中的样本吗？设计到底是为了什么而诞生的呢？设计之所以存在，想必是因为"设计是人之所以为人，所不可或缺的元素之一"。当人类接触到美妙的设计时，心灵就为之撼动。功能性的设计可增加使用方便性，带来舒适生活，而生活舒适，心情自然舒服，也就得到了安全感。

▶ [案例]　iF 概念设计奖 2014——衣架式空气除湿棒

在梅雨时节，要确保自己时刻都有清新、干净的着装，就一定要在衣柜里放些干燥剂、空气清新剂之类的物品；但要使它们奏效，又不可避免会占用不少空间。韩国几位设计师的解决方案是"Dehumidifying Air Rod"，这套衣柜除湿系统集成了除湿棒、除臭棒、空气清新棒三个模块，小巧的体积使得它们能直接被镶进衣柜的衣杆中，既不占用衣柜空间，又能带来更出色的除湿效果（见图 1.1）。

图 1.1　iF 概念设计奖 2014——衣架式空气除湿棒

图 1.2 是 2013 年红点设计大赛获奖的作品之一。这可是一把聪明的扫帚，它的前段在暗处会发光，用来打扫桌子底下、柜子后面这些比较暗的地方将事半功倍。

"设计"既可以指一个活动（设计过程），也可以指一个活动或过程的结果（一个计划或一种形态）。这是经常引起混乱的根源，而媒体对该词的使用更加剧了这种混乱。它们用形容词的"设计"来指原创性的形态、家具、灯具或服装，而不会提到潜藏在背后的创造性过程。

国际工业设计学会理事会（ICSID）这个把全世界专业设计师协会聚集在一起的组织对设计提出了如下定义。

（1）目标

设计是这样一项创造性活动——确立物品、过程、服务或其系统在整个生命周期中多方面的品质。因而，设计是技术人性化创新的核心因素，也是文化和经济交换的关键因素。

（2）任务

设计寻求发现和评估与下列任务在结构、组织、功能、表现和经济方面的关系。

① 增强全球可持续性和环境保护（全球伦理）。

② 赋予整个人类以利益和自由（社会伦理）。

③ 尽管世界越来越全球化，但仍支持文化的多样性。

④ 赋予产品、服务和系统这样的形态：具有一定表现性（语义学的）、和谐性（美学的）和适当的复杂性。

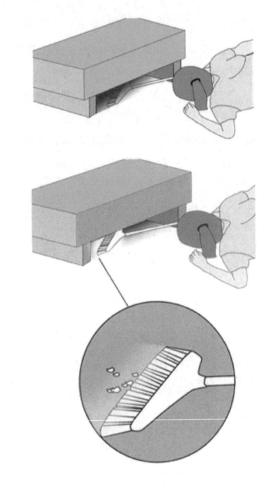

图 1.2 发光的扫帚

设计是一项包含多种专业的活动，包括产品设计、服务设计、平面设计、室内设计和建筑设计。

这个定义的优势在于，避免了仅仅从输出结果（美学和外观）的观点来看待设计的误区，而强调创造性、一致性、工业品质和形态等概念。设计师是具有卓越的形态构想能力和多学科专业知识的专家。

另外一个定义使得设计的领域更接近于工业和市场。

美国工业设计师协会（IDSA）对工业设计的定义是：它是一项专业性服务，为了用户和制造商的共同利益，创造和发展具有优化功能、价值和外观的产品和系统的概念及规格。这个定义强调了设计在技术、企业与消费者之间协调的能力。

在设计事务所中专门为企业和其品牌做包装和平面设计的设计师，更倾向于采用将设计、品牌和战略联系在一起的定义。

① 设计与品牌：设计是品牌链中的一环，或者是向不同公众表达品牌价值的一种手段。

② 设计与企业战略：设计是一种能够使企业战略可视化的工具。

设计是科学还是艺术，这是一个有争议的问题。因为设计既是科学又是艺术，设计技术结合了科学方法的逻辑特征与创造活动的直觉和艺术特性。设计架起了一座艺术与科学之间的桥梁，而这两个领域互补的特征被设计师看成是设计的基本原则。设计是一项解决问题的具有创造性、系统性以及协调性的活动。管理同样也是一项解决问题的具有系统性和协调性的活动（Borja de Mozota，1998）。

正如法国设计师罗格·塔伦（Roger Tallon）所说，设计致力于思考和寻找系统的连续性和产品的合理性。设计师根据逻辑的过程构想符号、空间或人造物，来满足某些特定需要。每一个摆到设计师面前的问题都需要受到技术制约，并与人机学、生产和市场方面的因素进行综合，以取得平衡。设计领域与管理类似，因为这是一个解决问题的活动，遵循着一个系统的、逻辑的和有序的过程（见表 1.1）。

表 1.1　设计的特征及定义

特征	定义	关键词
解决问题	"设计是一项制造可视、可触、可听等东西的计划。"——彼得·高博（Peter Gorb）	计划 制造
创造	"美学是在工业生产领域中关于美的科学"——丹尼斯·胡斯曼（D. Huisman）	工业生产 美学
系统化	"设计是一个过程，它使环境的需要概念化并转变为满足这些需要的手段。"——A. 托帕利安（A. Topalian）	需求的转化 过程
协调	"设计师永不孤立，永不单独工作，因而他永远只是团体的一部分。"——T. 马尔多纳多（T. Maldonado）	团队工作 协调
文化贡献	"设计是一项制造可视、可触、可听等东西的计划"——菲利普·斯塔克（P. Stark）	语义学 文化

设计是一门综合性极强的学科，涉及社会、文化、经济、市场、科技、伦理等诸多方面的因素，其审美标准也随着这些因素的变化而改变。设计学作为一门新兴学科，以设计原理、设计程序、设计管理、设计哲学、设计方法、设计批评、设计营销、设计史论为主体内容建立起了独立的理论体系。设计既要具有艺术要素又要具有科学要素，既要有实用功能又要有精神功能，是为满足人的实用与需求进行的有目的性的视觉创造。设计既要有独创和超前的一面，又必须为今天的使用者所接受，即具有合理性、经济性和审美性。设计是根据美的欲望进行的技术造型活动，要求立足于时代性、社会性和民族性。

· 1.2 设计价值

1.2.1 设计价值概述

设计价值范畴是设计价值研究的基石，对设计价值的界定将决定整个设计价值体系的性质和方向。

价值原是一个经济学术语，现在在日常生活中也频繁地被使用。在经济学中，价值就是指凝结在商品中的一般的、无差别的人类劳动。在日常生活中，价值的含义有"好、坏、得、失"、"真、善、美、丑"、"有用、无用"、"有利、无利"等词语表达。19世纪中叶，新康德主义弗莱堡学派的代表人物洛采和文德尔班将这一经济学术语运用到哲学研究中，发展出价值哲学。之后，对价值问题的研究渗透到社会人文学科的各个领域，给研究者从新的角度观察思考社会生活的各个方面带来有益的启示。

▶ [案例] 多功能婴儿手推车

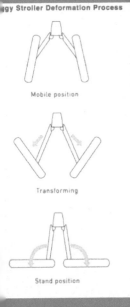

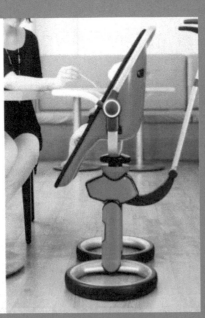

在婴儿手推车上，虽然只能由父母来进行选择，但我们不能忽视真正的使用者仍然是婴幼儿。台湾实践大学的设计师杨智杰带来的 Buggy Stroller 就是一款从婴幼儿体验出发的童车设计，旨在增强婴幼儿与家长、环境之间的交互。这一概念有着简单和创新的结构，它的座椅可以左右360°旋转、上下90°调节，同时轮子可以直接放平，在用餐时间迅速变成一张儿童餐椅，好用、实用（见图1.3）。

图1.3　多功能婴儿手推车

价值问题也是设计的一个基本问题。对于设计价值的认识，一般总是停留在"使用"的概念上，食物充饥、衣服御寒、房屋居住、车辆运输的着眼点在于这些对人实用的特殊价值上，而缺少或没有从价值哲学的高度去分析、理解设计艺术中的一般价值问题。因此，笔者尝试把价值哲学理论引入设计研究领域，希望能从新的角度就设计艺术的意义价值做出比前人深刻一些的探讨，也给当代学人准确地揭示设计艺术的本质提供可资借鉴的理论基础，走出设计艺术研究的一条新路。

对于设计价值范畴的界定，应该遵循一定的原则。具体为以下四项。

（1）不能用具体的特殊价值来界定一般价值

设计艺术具有实用的特殊价值，而我们寻求的是设计的一般价值，这种抽象意义的"一般价值"是对包括实用、功能、伦理、审美在内的各种特殊的、具体的价值形态的共性的考察，是对人类设计的普遍现象和活动内容的本质概括。因此，以设计中具体的、单一的特殊价值无法界定设计的"一般价值"。

（2）不能用实体来界定设计价值

设计艺术有物、有人、有实体，但设计价值不是实体，需要在物的创造的比较中显示出来，在物与物、物与人、物与社会、物与环境的各种关系中获得。

（3）不能用客体满足主体需要来界定设计价值

因为价值不只是需要的满足，设计价值也不是人的需求的产物。

（4）要确证设计价值的客观性

设计价值是客观存在的，是人的创造实践活动的结果，起着完善人、服务生活、发展社会的作用。这四项原则是根据价值学研究成果，结合设计学科特性而确立的，其总目标就是要求对设计价值的界定能揭示设计价值最本质的东西。对设计价值的范畴作出分析和界定。

1.2.2　用户的价值

对设计师来说，设计什么、怎样设计，首先要考虑和了解用户的价值观念，它决定了用户对什么样的产品是认可的。这种认可涉及信仰、文化、情感、认知、思维、行为等方面。这些因素对每个人的行为、选择、行动、评价起着关键的作用。

（1）用户的价值观

什么是价值？菲德认为"价值是经验的有机总和，它涵盖了过去经历的集中和抽象，它具有规范性和应该特性"。价值给人们提供了判断标准，也是人们情感寄托的基础，影响人们对事件及行动的评价。任何文化都具有价值标准，主要包括三个方面。

① 认知标准

各种文化中都有多年沉淀下来的对一般事物的普遍看法及对真理的认同标准。比如，中国人认为女性生孩子以后一定要"坐月子"，不能碰凉水；而西方的文化里，女性生完孩子后第二天就可以吃冰激凌。

② 审美标准

我们中国人的审美中普遍认可柔和、婉约的东西为美；西方国家则认可几何的直线形为美。

③ 道德标准

各种文化都具有道德的评判标准。尊老爱幼是我国的传统标准；而西方比较尊重个人的权利及隐私。

核心价值观念是一个人或者一个社会普遍认可并共同追求的价值观念。从社会层面上讲，中国以家庭为核心，"家和万事兴"。而西方，如美国的核心观念是个人英雄主义，认可个人奋斗实现个体价值。从产品设计层面上讲，工业革命二百年以内，人们都是认可"以机器为中心"的核心价值观，而直到今天人们才越来越认可"以人为中心"的核心价值观。

任何一个产品的设计都是为了满足一定社会里一定人群的需要，那么了解他们的核心价值观念是至关重要的。设计师要抓住"以人为本"的价值核心，设计新的产品，满足人们的需要。而这些新的产品必须是符合人们的各种价值观念的，如审美观念、文化观念、认知观念等。

▶ [案例] 可实时监控家居环境的智能灯

　　Subinay Malhotra 设计了一款名叫 DrOP 的概念智能吊灯。它可以根据温度、环境、用户活动以及需求变换自己的颜色，并且还能发出警报和提醒声音；同时，还能通过专用的 App 进行远程控制。当周围出现烟雾、明火或陌生入侵者等紧急情况时会发出警报，并且自身变成红色，提醒用户采取对应的措施。DrOP 以硅硼酸盐玻璃为主要材质，并且使用玻璃吹塑技术制造，可以在内部存储能量，即使在断电的情况下也可以正常使用（见图 1.4）。

图1.4　可实时监控家居环境的智能灯

（2）目的需要和方式需要

对核心价值具体的描述分类称为目的价值，实现目的价值的各种具体方式称为方式价值。目的价值是根本，方式价值可以直接对产品设计进行指导。目的价值对应的是目的需要，方式价值对应的是方式需要。以交通出行为例，如图1.5所示。

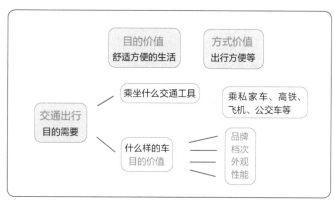

图1.5　目的需要和方式需要

对于设计师来讲，发现目的需要很重要，设计的多样性主要来自方式需要。设计师要在了解社会核心价值及个体核心价值的前提下，分析人们的目的需要及人们目的需要下的方式需要，从方式实现目的入手，开发新的产品，引领新产品发展的方向，从而影响人们的生活方式。

1.2.3　设计价值如何确定

设计价值如何确定，主要取决于人们对设计行为的认知、看法、观点与态度，取决于对各类设计现象所作的抉择与寻求的行为方式。这就是设计价值取向，是通过择取与比较的方式来确定的。设计价值的取向因时代、观念、文化、社会的不同而呈现出不同的层次和类型。

设计价值取向是从如何生活得好的角度来决定如何设计，有一个基本模式：设计的主体角色存在（取向者）——设计价值取向的立场与依据——取向者认为如何设计才能对主体发生最大、最佳效应，即设计客体对设计主体产生好的效益的作用和影响——在设计行为中注入择取的价值思想。这一模式中的设计价值取向者实际上就是设计主体人，这一角色存在是早就由这个角色所处的社会、文化体系给定的、不可更改的。也就是说，设计主体在价值取向问题上应该是理性的，不是感性的，是整体的，不是个体的，是根据这个社会"总体的喜好"来决定取向的。这一模式如图1.6所示。

设计价值取向者并不是完全以自己个人的立场，而是以

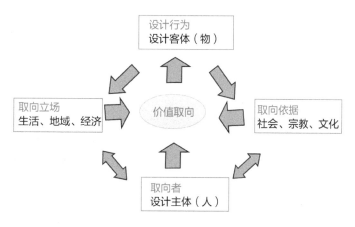

图1.6　设计价值取向的基本模式

超越自己的眼光对各种社会、生活关系作理智的冷静思考，因此设计价值取向并不会有特别丰富的个性特点。但是人类设计主体的角色存在并非完全一致，世界各民族、各文化区域的主体角色均有较大的差异性，主体角色在各个历史时期也会发生很大的变化。另外，设计主体在取向时的取向立场和取向依据也会因社会环境、科学技术、生产体系、生活方式等的变化而变化。所以，取向时发生的种种变化，将产生设计价值的改变。当然，作为同一文化体系的价值取向，虽然基于上述的"社会"、"宗教"、"地域性"、"经济"、"生活"、"文化"等普遍性立场和依据而发生变化，但不论变化如何，在"价值取向"上其实只有"程度"和"类别"上的不同，而没有本质上的不同。因此，同一文化体系的价值取向内涵应该是一脉相承的。

设计价值的取向是一个涉及人类物质活动与精神活动的诸多方面，并与人所生存的社会生活领域密切相关的问题。由于人类精神活动与社会生活的复杂多变，人们在择取价值时会对价值的有无作出判断，对价值的大、小、高、低作出判断。因此，在价值取向问题上具有三个层面：第一，择取有设计价值的，放弃无设计价值的。这是首要层面，在有无设计价值上作选择。第二，择取有设计正价值的，否定有设计负价值的。这是第二层面，在正负价值之间作选择。比如装饰一般认为是有设计价值的，但也要用得好、恰到好处时才具有正价值，过度运用的烦琐装饰则会产生负价值。第三，择取设计价值高的，去除设计价值低的。这是第三层面，在高低、多少、大小价值之间作选择。

在以上三个设计价值层面的选择中，第一层面是确定有没有价值，第二、第三层面是确定好与不好或哪个价值更好、更完善。从前面的取向模式看，不同的取向立场、不同的取向依据会产生哪个有价值、哪个更完善的问题。事实上，人类历史上的设计价值体系是有不同的"类"的区别的，也就是有不同的类型体系的。这种类的形成除了都有自身的原因和基础，主要还是由价值取向决定的。下面列出了设计价值取向的五种类型，这五种类型并不能涵盖设计价值取向中的全部要素，但无疑在人类整个设计历史发展中起了重要的作用，有着"类"的代表性，而任何一类都是经过价值判断、经过若干层次比较之后择选出来的（见图 1.7）。

图 1.7　设计价值取向的类型

·1.3 文化

设计的终极目的就是改善人的环境、工具，以及人自身，是伴随"制造工具的人"的产生而产生的。设计是人类有目的地改变生存方式的创造性活动，是应用科技、经济、艺术的要素系统解决问题，以满足人类的物质需求和精神需求。人类通过设计活动，将理想、情感、意志具体化、形象化、情趣化，使其成为人类传承文明、走向未来、不断创新、持续发展的工具和手段。

因此说，设计的终极目的就是设计价值的本质所在。

结合上述对于设计及设计价值的分析，所谓设计的价值，往往与用户、企业及品牌密切相关。从根本上说，一个设计作品如果是有用的、好用的和想被用户拥有的，并能在生活方式、可用性及人机工程等方面产生更强的影响力，这个设计作品就会被认为对用户有价值。而实现产品对于用户的价值是每个企业的终极追求，只有实现了目标用户的价值诉求，企业才会实现自身的利益和价值，并树立起独一无二的品牌形象，建立起用户对品牌的忠诚和信赖，实现无可比拟的品牌价值。

另外文化和技术伴随着社会的发展而发展，是影响设计价值实现的关键要素。

从产品的设计角度来看，产品的设计属于器物文化的领域，是有别于自然物的人工创造物。"人通过自己的活动按照对自己有用的方式来改变自然物质的形态。例如，用木头做桌子，木头的形状就改变了。可是桌子还是木头，还是一个普通的可以感觉的物。但是桌子一旦作为商品出现，就变成一个可感觉而又超感觉的物了。"文化产品区别于自然物的地方，正是它所具有的这种"可感觉而又超感觉"的性质。一块天然的金矿石，可以由人凭借自己的感觉能力判定它的物理特性；而一件人工装饰品，除了具有可感觉的物理特性以外，还包含大量超感觉的文化内涵。它不是单凭人的感觉能力所能把握的，而要在对它的款式、色彩、造型等的社会意义的领悟中才能把握。这些超自然、超感觉性质的东西，便是文化赋予它的价值和意义。审美的内涵正是产品形象的这种文化底蕴。

设计是通过文化对自然物的人工组合，总是以一定文化形态为中介的。那么，文化到底是什么呢？林顿在著作《文化之树》中给出了精辟的回答："一个社会的文化是其成员的生活方式，是他们习得、共享并代代相传的观念和习惯的总汇。"

"客户买的不是钻，是墙上的洞。星巴克卖的不是咖啡，是休闲。法拉利卖的不是跑车，是一种近似疯狂的驾驶快感和高贵。劳力士卖的不是表，是奢侈的感觉和自信。谷歌真正的商品不是广告而是优秀的人，通过将人出售给广告主而获利。苹果卖的不是产品，而是文化和用户体验。"营销大师菲利普·科特勒的这一番话精确地道出了设计与文化之间相辅相成的关系。

尽管至 20 世纪中叶"设计"这一现代概念才流行，但赋予商品和形象以审美与功能特征来吸引和满足消费者与使用者的需求这种观念却已有很长的历史了，它与所谓的"现代"社会的发展本质上相关联。简单地说，它是消费品市场发展和品味大众化的直接结果。

批量生产的商品和形象伴随着民众的日常生活并赋予生活的意义，而设计是这些商品和形象的视觉和概念成分。所以，当现代性影响到越来越多民众的生活时，设计便承担起了迄今为止装饰艺术为社会精英所承担的角色。几个世纪以来，手工制作的家具、陶器、玻璃制品、金属制品、服装、印花制品甚至车架在上层社会成员的生活中扮演着许多种角色，或提供舒适，或标志得体，或融洽社会、家庭和两性关系，或增强社会流动性，或体现时尚、品味和志趣。

文化是一个大系统，包括诸多子系统。根据文化学的观点，可以将文化现象区分为四种形态。

（1）物质文化

或称器物文化，是人类生产劳动所创造的物质成果，如工具、器物、建筑和机械设备等。

（2）智能文化

是人类认识自然和改造自然的过程中所积累的科学技术知识。

（3）制度文化

是调整和控制社会环境所取得的成果，表现为社会的组织、制度、法律、习俗、道德和语言等规范。

（4）观念文化

表现在人的意识形态中的价值观、世界观、审美观以及文学艺术等精神成果。

▶ [案例] 日本的色彩设计文化

图1.8 日本动画大师宫崎骏的动画
《悬崖上的金鱼姬》海报

在日本，随处可见的是青山绿水，"青"在日本人审美意识中的重要性可见一斑。日语中"青"一词包括从青、绿、蓝至灰。同样"白"也是日本文化推崇的干净纯净的色彩，受到这一色彩观的影响，日本的许多设计师都热衷于运用体现自己国家民族色彩的颜色。

日本动画大师宫崎骏的动画，其作品以崇尚自然事物、植物生命和崇尚水的清纯无色为主。整个动画电影海报大量使用了海蓝色，并通过色彩深浅的自然变化营造出浓厚的氛围，强烈地体现出民族色彩感与民族文化（见图1.8）。

来自日本包装设计师 Kota Kobayashi 的作品——One Pine Tree 松树啤酒，松树代表
2011 年海啸后的生存证明。该标签是一棵孤独的松树，由三个朝上的三角形组成；黑白两色
为日本设计中常用色，象征着灾后重建工作快速进展的愿望（见图 1.9 所示）。

图 1.9　日本 One Pine Tree 松树啤酒包装

·1.4　技术

设计在消费增长以及市场这一难以被合理化和系统化的现代生活领域的重新确立中
扮演着社会文化角色，这成为定义现代设计的一个重要方面，但更理性化的批量制造和
技术革新是定义现代设计的另一个重要方面。的确，消费和市场需求的增长过程本身不
足以说明现代设计这个概念的发展；现代设计的定义也取决于它在大批量标准化产品的
制造领域所扮演的关键角色。这些标准化产品尽管是为满足扩大的市场需求而生产的，
但由于大批量生产需要较高的投资成本，因此必须依靠有力的销售。设计是技术和文化
的交界，同时也是传达社会文化价值的一种现象，作为批量生产的固有环节，已深入消
费和生产两个领域。的确，要使消费和生产两个领域产生联系并紧密地结合在一起，设
计是关键的力量之一。

除了在消费的社会文化背景中理解设计的作用之外，到技术革新的历史中去认识设
计的位置也很重要。因为设计既影响了制造和材料领域，同时也受它们的影响。技术革
新为大量制造自 19 世纪晚期起诞生的新颖产品奠定了基础。它们挑战和激发设计师的想
象力，并构成了一个完整的物质文化新领域，成为对更传统的装饰艺术领域的补充。大
量供应的新商品如真空吸尘器、电器和新交通工具，以及这些年形成的广告和零售展示

新方式，为已有的和新的消费者都提供了一种途径，使他们得以为自己创建新的身份认同，并探索步入现代生活的道路。

1.4.1 技术革命

从人类的早期起，技术就和宇宙、自然、社会一起，构成人类生活的四个环境因素。几千年来，它在很大程度上改变了社会的面貌。

对近现代人类历史的发展，我们习惯用代表性的科技创新引起的科技革命来划分阶段。科技革命是一个科技哲学的概念，迄今没有统一的定义。在"第六次科技革命的预测研究"课题中，科技革命是科学革命和技术革命的统称，指引发科技范式、人类的思想观念、生产方式的革命性转变的科技变迁。在人类发展的过去500年里，世界上先后大约发生了五次科技革命，包括两次科学革命和三次技术革命；推动了世界现代化的前四次浪潮，第一次革命是近代物理学的诞生，第二次是蒸汽机和机械革命，第三次是电气和运输革命，第四次是相对论和量子力学革命，第五次是电子和信息科技革命。

1.4.2 设计与技术

技术必须借助载体才可以流传和延续传递交流。技术的载体分别由能工巧匠、技师、工程师、制造大师、发明大师、科学家、管理大师、信息大师等为代表的高科技高技能人群创造，图纸、档案、各类多媒体存储记忆元器件、电脑芯片、电脑硬盘等，古代的甲骨文、竹简、印刷术都是技术进程的标志性载体。通过对载体的巧妙设计，可以给冷冰冰的技术赋予柔软的生命。

1.4.2.1 从设计史看技术发展

图1.10 瓦特发明的蒸汽机

技术与设计相辅相成，推动着人类文明的发展。设计史就是一部技术发展史。现代设计发端于第一次技术革命——工业革命，是指资本主义工业化的早期历程，即资本主义生产完成了从工场手工业向机器大工业过渡的阶段。它是以机器生产逐步取代手工劳动，以大规模工厂化生产取代个体工场手工生产的一场生产与科技革命，后来又扩充到其他行业。这一演变过程叫作工业革命，标志性事件是在18世纪中期英国的瓦特（James Watt）发明的蒸汽机。从此，整个世界有了很大的转变，人类开始有了钢铁技术和火车的运输工具，掀起了一阵工业机器的风潮（见图1.10和图1.11）。

从设计史的角度看，如果没有工业革命就不会有今天所谓的工业设计和现代意义上的设计。正是工业革命完成了由传统手工艺到现代设计的转折，随之而来的工业化、标准化和规范化的批量产品的生产为设计带来了一系列变化，也导致了新的设计思想设计方式的产生。

图 1.11　火车汽船代替马车帆船

首先，设计行业开始从传统手工制作中分离出来。在传统的劳动过程中，往往由人扮演基本工具的角色，能源、劳力和传送力基本上是由人来完成的。而工业革命则意味着技术带来的发展已经过渡到另一个新阶段，即以机器代替手工劳动工具，从而变成了劳动的性质和社会、经济的关系。此时的设计风格被简化为适应机器制造的东西。

其次，新的能源和材料的诞生及运用为设计带来全新的发展，改变了传统设计的材料的构成和结构模式，最突出的变革出现在建筑行业，传统的砖、木、石结构逐渐被钢筋水泥玻璃构架所代替。

最后，设计的内部和外部环境发生了变化。当标准化、批量化成为生产目的时，设计的内部评价标准就不再是"为艺术而艺术"，而是为"工业而工业"的生产。对于设计的外部环境的变化，市场的概念应运而生，消费者的需求，经济利益的追逐，成本的降低，竞争力的提高，设计的受众、要求和目的都发生了变化。

▶ [案例] 设计之母——德国

在设计历史上，德国在技术上的发展具有举足轻重的影响。德国素有"设计之母"称号，为催生现代设计最早的国家之一，也是全世界先进国家中最致力于推动设计的国家。德国设计史主要包括三个阶段：德国工作联盟（The DeutscheWerkbu）、包豪斯（Bauhaus 1919—1933）和乌姆设计学院（The Ulm Hoschschule）（见图 1.12）。第一次世界大战前，德国工作联盟在 1907 年已开始发展设计，借由强大的工业基础，将工业生产的观念带进了设计的标准化理念，成功地将设计活动推向现代化。

图 1.12　乌姆设计学院

到了包豪斯时期，更将工业设计的理念加以延续，并融入了艺术元素；而他们将美学的概念带入设计，除了改进标准化之外，更加强了功能性的需求。德国在 1945 年战后，努力复兴他们先前在设计上的成绩，在工程方面，机械形式加速标准化和系统化，是设计师和制造商的最爱。技术美学思想发展最力的是五十年代的乌姆设计学院（Ulm Instituteof Design，

图 1.13 包豪斯设计学院

图 1.14 Braun 公司标志

图 1.15 SK4 唱机

图 1.16 "BN0111" 新款运动概念腕表系列

1955—1968），它确立了德国在战后出现"新机能主义"的基础。该校师生所设计的各种产品，都具备了高度形式化、几何化、标准化的特色，所传达的机械美学确实继承了包豪斯的精神，并带动功能美学持续发展。除此之外，还引入了人因工程和心理感知的因素，使设计出的产品更合乎人性化的原则，形成高质量的设计风格（见图 1.13）。

德国的设计教育理念，更影响到世界各地。由于受到包豪斯的影响，战后的德国设计活动复苏得很快，并秉持着现代主义的理性风格，以及系统化、科技性和美学的考虑。其产品形态多以几何造型为主，例如博朗公司（Braun）所生产的家电产品就是以几何形为设计风格。德国的设计对工业材料的使用相当谨慎，不断地研究新生产技术，以技术的优点来突破不可能的设计瓶颈，并以工业与科技的结合带领设计的发展与研究，此种风格也影响到后来日本的设计形式。而 Ulm 和电器制造商博朗（Braun）的设计关系密切，共同奠定子德国新理性主义的基础（见图 1.14）。

1956 年博朗公司推出了著名的 SK4 唱机（被称为白雪公主的棺材），它的设计者便是我们熟知并且敬仰的德国工业设计大师迪特·拉姆斯。不久，迪特·拉姆斯便成为布朗最具影响力的设计师并且领导布朗的设计队伍近 30 年之久，很多他当时的设计作品现在早已经被现代艺术博物馆永久珍藏（见图 1.15）。

其旗下的钟表部门于 2014 年初推出了"BN0111"新款运动手表。采用 70 年代的复古风格与鲜艳的配色，表盘秉承了德国简洁的设计美学，并具有 160 英尺（1 英尺＝0.3048 米）深度的防水特性以及多功能小表盘设计（见图 1.16）。

由乌姆（Ulm）设计学院带来的理性设计理论，将数学、人因工程、心理学、语意学和价值工程等严谨的科学知识应用到实务设计方法中，这是现代设计理论最重要的改革发展，也深受欧美各国的赞赏及普遍采用。至今，德国所设计的汽车、光学仪器、家电用品、机械产品、电子产品受到全世界消费者的爱好、使用，这都要归功于早期设计拓荒者对德国设计运动的贡献。

德国的工业企业一向以高质量的产品著称世界，德国产品代表优秀产品，如德国的汽车、机械、仪器、消费产品等，都具有非常高的品质。这种工业生产的水平，更加提高了德国设计的水平和影响。意大利汽车设计家乔治托·吉奥几亚罗为德国汽车公司设计汽车，德国生产的意大利设计师设计的汽车，却比同一个人在意大利设计的汽车要好得多，因而显示出问题的另外一个方面：产品质量对于设计水平的促进作用。德国不少企业都有非常杰出的设计，同时有非常杰出的质量水平，比如克鲁博公司（Krups）、艾科公司、梅里塔公司（Melitta）、西门子公司、双立人公司等。德国的汽车公司的设计与质量则更是世界著名的。这些因素造成德国设计的坚实面貌：理性化、高质量、可靠、功能化、冷漠特征（见图 1.17~ 图 1.20）。

图 1.17　Krups B100 Beertender 啤酒机

图 1.18　Melitta 咖啡机

图 1.19　双立人 TWIVIGL 锅具

图 1.20　保时捷汽车

1.4.2.2　非物质化

电子和信息技术的普及应用开启了第五次科技革命之门，而随着互联网技术的普及和移动互联网的发展，全球正处于半个世纪以来的又一次重大技术周期之中。在不久的将来，移动宽带会覆盖到所有人群，而现在正处于从导入期到拓展期的转折点。

图1.21 数字化社会

"手机就是当年的电灯泡，未来我们可以想象到的，就是几乎所有设备都会接入网络"，爱立信前总裁兼 CEO 卫翰思（Hans Vestberg）曾说道。

以微电子、通信技术为代表的数字信息技术的普及和应用正把人们从物质社会引入非物质社会。所谓非物质社会，就是人们常说的数字化社会、信息社会或服务型社会。工业社会的物质文明向信息社会的非物质文明的转变，在一定程度上将使设计从有形的设计向无形的设计、从物的设计向非物的设计、从产品的设计向服务的设计、从实物产品的设计向虚拟产品的设计全方位调整（见图1.21）。

▶ [案例] 电子皮肤

随着可穿戴技术的迅猛发展，医疗保健行业也开始研发专属的可穿戴技术，包括对人体的血压、肌肉活动和其他生命体征的实时监测都将会成为医疗行业的前沿研究领域。

得克萨斯大学奥斯汀分校的研究人员日前宣布他们已经研发出一种新型"电子皮肤"，这种厚度只有0.3毫米的可穿戴设备能够贴在人的皮肤上，然后对佩戴者的体征数据进行准确检测和记录；同时该设备还能将数据上传至电脑，甚至还能直接向人体输送药物（见图1.22）。

根据研究人员的介绍，他们在"电子皮肤"中内置了运动追踪和体温监测等传感器；同时自带的RAM能够完成数据存储和上传工作，并且药物可以通过该设备直接传输到人体体内。尽管目前市面上也存在有类似的"电子皮肤"设备，但是得克萨斯大学所研究的却是首个将病情监测与治疗结合在一起的"电子皮肤"设备。

"将存储功能整合到'电子皮肤'中确实非常有创新性，"瑞士联邦理工学院的工程师史蒂芬妮·拉科说道，"至少目前市面的同类设备还都不具备数据存储功能。"

另外，该"电子皮肤"的功能还需要借助外接电源和数据传输器才能正常工作，距离真正的可穿戴设备还有一段距离；同时，锂离子电池以及RFID电子标签又没有足够大的弹性。日后如果电源和数据传输的问题能够被顺利解决的话，这款"电子皮肤"设备就有望被推向消费市场。

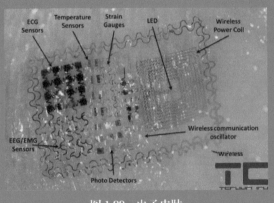

图1.22 电子皮肤

第 2 章

通过设计营销
实现设计价值

美国营销大师菲利普·科特勒曾说："技术的变化，未来资本主义商业模式的变化，以及消费者的变化和需求的长期低迷，构成了一个大的环境，企业必须通过改变商业模式创造新的价值而重获增长。在众多被忽视的价值中，'善'价值，也就是为利益相关者创造'共享价值'被认为是一条重要的创新路径"。

·2.1 设计营销

设计营销（Design Marketing）就是指设计主体，为了达到一定的设计目标，实现"共同价值"，依据专门的营销理论、方法和技术，对艺术设计对象实施市场分析、目标市场选择、营销战略及策略制定、营销成效控制的全部活动过程（见图2.1）。

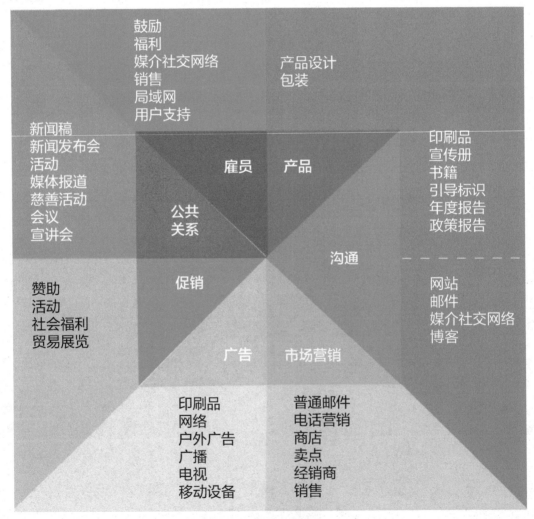

图2.1 设计的接触点

2.1.1　设计营销研究的目的、意义

营销是指在以顾客需求为中心的思想指导下，企业所进行的有关产品生产、流通和售后服务等与市场有关的一系列经营活动。

市场营销作为一种计划及执行活动，其过程包括对一个产品、一项服务或一种思想的开发制作、定价、促销和流通等活动，其目的是经由交换及交易的过程达到满足组织或个人的需求。

（1）传统定义

① 美国市场营销协会下的定义：市场营销是创造、沟通与传送价值给顾客，及经营顾客关系以便让组织与其利益关系人受益的一种组织功能与程序。

② 麦卡锡（E.J.Mccarthy）于1960年也对微观市场营销下了定义：市场营销是企业经营活动的职责，它将产品及劳务从生产者直接引向消费者或使用者以便满足顾客需求及实现公司利润，同时也是一种社会经济活动过程，其目的在于满足社会或人类需要，实现社会目标。

③ 菲利普·科特勒（Philip Kotler）下的定义强调了营销的价值导向：市场营销是个人和集体通过创造并同他人交换产品和价值以满足需求和欲望的一种社会和管理过程。

④ 菲利普·科特勒于1984年对市场营销又下了定义：市场营销是指企业的这种职能，认识目前未满足的需要和欲望，估量和确定需求量大小，选择和决定企业能最好地为其服务的目标市场，并决定适当的产品、劳务和计划（或方案），以便为目标市场服务。

⑤ 而格隆罗斯给的定义强调了营销的目的：营销是在一种利益之上，通过相互交换和承诺，建立、维持、巩固与消费者及其他参与者的关系，实现各方的目的。

（2）新式定义

① 中国台湾的江亘松在《你的行销行不行》中强调行销的变动性，利用行销的英文 Marketing 作了下面的定义："什么是行销？"从字面上来说，"行销"的英文是"Marketing"，若把 Marketing 拆成 Market（市场）与 ing（英文的现在进行式表示方法）这两个部分，那行销可以用"市场的现在进行时"来表达产品、价格、促销、通路的变动性导致供需双方的微妙关系。

② 中国人民大学商学院郭国庆教授建议将其新定义完整地表述为：市场营销既是一种组织职能，也是为了组织自身及利益相关者的利益而创造、传播、传递客户价值，管理客户关系的一系列过程。

③ 关于市场营销最普遍的官方定义：市场营销是计划和执行关于商品、服务和创意的观念、定价、促销和分销，以创造符合个人和组织目标的交换的一种过程。

图2.2展示了简要的市场营销过程五步模型。在前四步中，公司致力于了解顾客需求，创造顾客价值，构建稳固的顾客关系。在最后一步，公司收获创造卓越顾客价值的回报，通过为顾客创造价值，公司相应地以销售额、利润和长期顾客资产等形式从顾客处获得价值回报。

图 2.2　市场营销过程的简要模型

图 2.3 为将所有概念综合起来的扩展模型。什么是市场营销？简单地说，市场营销就是一个通过为顾客创造价值而建立盈利性顾客关系，并获得价值回报的过程。

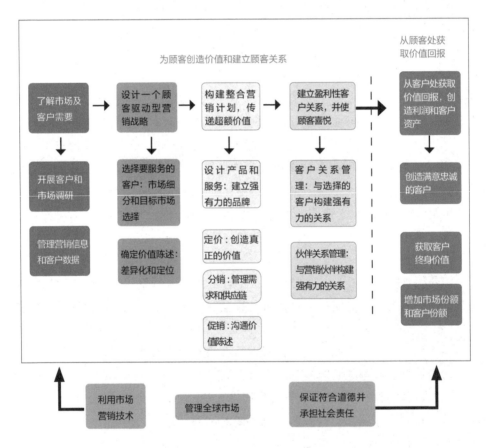

图 2.3　市场营销过程的扩展模型

营销过程的前四步注重为顾客创造价值。企业最初通过研究顾客需求和管理营销信息获得对市场的全面了解，然后根据两个简单的问题设计顾客驱动型营销策略。第一个问题是："我们为哪些顾客服务？"（市场细分和目标市场选择）优秀的市场营销企业知道它们不能在所有方面为顾客提供服务。企业需要将资源集中于它们最具服务能力，并能获得最高利润的顾客。第二个问题是："如何最好地为目标顾客服务？"（差异化和定位）市场营销人员这时需提出一个价值陈述，说明企业为赢得目标顾客应传递怎样的价值。

我们再来回顾一下设计的定义，设计是为构建有意义的秩序而付出的有意识的直觉上的努力。

第一步：理解用户的期望、需要、动机，并理解业务、技术和行业上的需求和限制。

第二步：将这些所知道的东西转化为对产品的规划（或者产品本身），使得产品的形式、内容和行为变得有用、能用、令人向往，并且在经济和技术上可行（这是设计的意义和基本要求所在）。

这个定义适用于设计的所有领域，尽管不同领域的关注点从形式、内容到行为上均有所不同。

设计营销的研究目的则可以从市场营销的过程中知晓，是巩固设计者及其设计产品的生存和发展。设计营销研究的意义具体表现为有利于更好地满足人类社会的需要，有利于解决设计产品与市场的结合问题，有利于增强设计的市场竞争力，有利于进一步开拓设计的国际市场，通过对设计思维、设计策略、设计产品、设计组织、设计运行的有机营销实现多元化价值。

2.1.2　4Ps 营销组合

4Ps 即 4P 系统。将整个营销过程涉及的 4 项要素随宏观环境变化的调整策略组成一个系统，4 个要素在其中互相作用，根据企业的特定情况构成一个适合宏观环境的市场营销组合。根据关系中的权重，依次递减排列为产品、价格、渠道、促销。

将 4 个要素两两排列，共可构成 6 组 12 对有效组合进行分析，即对"产品—价格"、"产品—渠道"、"产品—促销"、"价格—促销"、"价格—渠道"、"渠道—促销"的双向作用分析。

在这些组合关系中，下列关系比较特殊。

一、产品和价格都在制造商的掌握范畴中，近似互为直接因果，因此影响近似对等；

二、价格和渠道体现着制造商和经销商的博弈，强者为胜；

三、渠道和促销都分别在制造商和经销商的掌握中，因此影响各有所长。

2.1.2.1　产品和价格

产品是一切营销活动的基础，是 4Ps 的首项。在市场营销要素共生共存的辩证关系中，产品和价格的关系尤其密切，近似互为直接因果。广义产品包括各种可以用货币价格来进行价值交换的非货币物质，包括有形物质和无形物质。例如，制成品和服务都是产品，像工业设计涉及的都是有形产品（有形物质），服务涉及的都是无形产品（无形物质）。服务包括了很多行业的很多内容，教育是服务，医疗是服务，博物馆、旅游、银行的服务也都是服务。这些服务都是产品,如金融产品、旅游产品、医疗产品、教育产品等。由于本书关注的是市场营销学和工业设计的交叉问题,因此下面所提到的产品均为与工业设计有关的有形产品。

产品与各方面的复杂因素有关,但从市场营销组合的整体角度看,主要涉及的是技术先进、功能完善、质量可靠、造型美观、维修及回收性好、细分定位恰当、文化和社会价值高、服务周到等。

产品和价格的主动权都在制造商一家的手里,在正常条件下,什么产品卖什么价,什么价做什么产品,对应清楚,条理分明。因此,一方面产品的设计和制造质量在总体上制约着其销售价格;另一方面,价格也同样在总体上制约着产品的设计策略和定位策略。与价格相比,产品与分销渠道关系一般,而与促销则更疏远得多。

(1)产品对价格的影响

在复杂的市场环境中,产品价值并非一成不变,因此价值的货币度量即价格也会相应变化。产品对价格的影响约束主要体现在随产品生命周期的变化上。

产品生命周期分为导入、成长、成熟、衰退 4 个阶段(见图 2.4)。

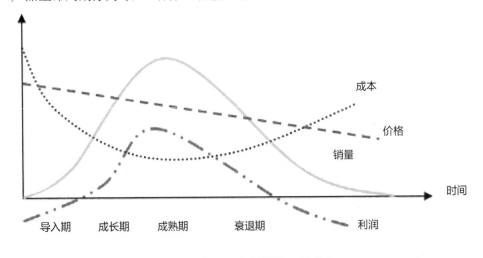

图 2.4 产品生命周期的一般形态

1)导入期对价格的影响

起始期是新产品进入市场的最初阶段。作为具有替代老产品功能的新产品,根据产品性质、企业状况等确定价格策略:撇脂定价法、渗透定价法、适宜定价法。

① 撇脂定价法 有足够的市场吸引力、研发成本高的产品,在上市初期快速攫取最大价值,从最先愿意购买的消费者那里取得高利润尽快收回投资,然后降价满足大众需求的定价方法。由于投资已经收回,因此一旦遭遇竞争即可主动降价打击对手,以便保持市场领先地位。撇脂法以获取高额利润为目标,是当前利润最大化的典型,但定价过高会抑制消费先驱们的兴趣,因此高价也需合理。

② 渗透定价法 对价格极其敏感、具有规模效应、低价能防止竞争的产品,在上市

初期为迅速进入市场扩大销售量，利用顾客的求廉心理将产品价格定得很低，以使新产品被任何消费者都乐意接受，以后视情况采用换代开发、提高附加值等方法提升价格。渗透法以长期利润最大化为目标，低价既是打开市场的钥匙，也是阻止追随者的壁垒，但缺乏知名度的低价产品容易令人对质量质疑。

③ 适宜定价法 大部分介于上述两者之间的产品采用适宜定价法，这些产品没有足够的创新度、没有强大实力支撑价格竞争，只能弱化价格敏感度，因此不可能实现当前利润最大化、达到规模效益以低价壁垒阻挡竞争者等。但是，适宜定价法比较真实中庸、没有太多的商业谋略，因此是一种比较公平合理的定价策略，容易获得广大消费者认可，也有利于企业在一定时期内收回投资及获利。企业既可在避免高价带来竞争风险的情况下稳步获取市场份额，也能因价格合适易于销售而获得销售商支持，从而使消费者、销售商、企业都比较满意。

2）成长期对价格的影响

成长期是产品快速发展的黄金时期，利润正常化带动价格趋向稳定。采用撇脂法的产品价格开始下降，以满足早期大量消费者购买产品；采用渗透法的企业在市场认可的情况下，可采用推出新品牌、新产品的方法对价格进行合理调整。虽然销路可观的新产品吸引大批追随者入市使竞争逐渐展开，但成长期（尤其是成长期前期）竞争尚未激烈，正是产品成熟最好的获利阶段。

3）成熟期和衰退期对价格的影响

成熟期的社会产量达到最大化，但由于竞争激烈耗费了大量费用，因此单件利润下降，许多企业开始思考今后走向；进入衰退期后上述矛盾变得更加突出，更多企业着手转向利润高而发展空间大的市场。

因此，许多企业可能将产品降价处理以尽快回收资金，用于后续项目开发。但也有一些企业，尤其是原来的行业领导者，由于转产成本太高，会希望尽量延长甚至提升老产品的价值以最大可能地获取老产品的利润。这些企业通常会利用工业设计考虑以下几个可能：进行外观改良设计，推出造型新颖的产品吸引购买者而努力维持原价；进行功能改良设计，更换功能和突出功能增值；进行技术二次开发的高端设计增值。

（2）价格对产品的影响

和产品对价格的影响主要在产品上市后表现相反，价格对产品的影响主要发生在产品的设计阶段，这一点同样会表现在后面的渠道和促销上。原因很简单：产品是设计的结果，表现在事后；价格、渠道、促销是结果设计的条件，表现在事前。

价格是企业定位和产品市场定位的集中表现，体现了企业的软硬实力，包括资金、设备、人员、管理、技术，乃至社会活动、公关能力各方面因素，总体上制约着产品的设计策略。因此，产品在设计阶段不可能回避或超越价格因素，类似产品结构、材料、工装、设备、场地、能耗、人员费用、管理成本、仓储、包装、销售、售后服务等一系列相关问题，都必须考虑价格后果（见图 2.5）。

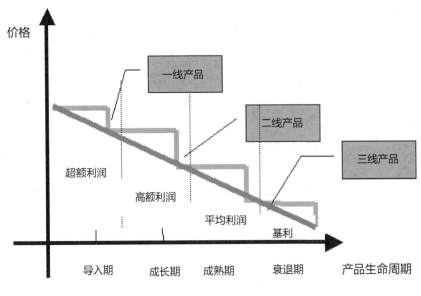

图2.5　产品生命周期定价

由此可以理解，为什么设计师在面对最基本的，诸如表面处理之类的问题时，都需要掂量价格指标，无论大众商品还是高档商品都如此。很多设计师发现实际投产的产品不如效果图漂亮，原因就是企业站在价格角度对设计做了以利润为导向的、符合实现经营目标的修改。

与此类似，很多设计师喜欢在产品上采用色彩镶嵌，把服装和建筑的色彩表现手法用到量产的工业产品上，殊不知因此会增加零件数量和制造成本、扩大累积误差、降低整体强度、提高废次品率等，最后都将反映在销售价格和使用性能上。工业设计师提交的外观设计要经结构工程师和工艺工程师的严格审核，通常会被要求重新斟酌，或者直接被简化甚至取消。

2.1.2.2　产品和销售渠道

（1）产品对销售渠道的影响

市场定位的意义在于使企业及其产品在顾客心目中获得一个优于竞争对手的位置。方法是根据竞争者现有产品在市场上所处的位置，以及消费者对该产品某一属性或特征的重视程度，有针对性地为产品设计和塑造一定的个性或形象，从而适当确定该产品在市场上的位置，并通过一系列营销努力把这种个性或形象强有力地传达给顾客，使顾客产生倾向性的好感。

因此，产品对渠道的根本影响来自其市场定位。产品由受市场定位支配的设计而产生，因此其销售渠道也必须与产品一样贯彻市场定位的意图。也就是说，销售渠道必须符合产品特征。例如中低档产品要选择广泛性强的渠道，选购品应该采取选择性渠道，日用品主要在专业大卖场、超市等大众化渠道销售，较出色的也会进入百货商场，但绝不可能被精品商店接纳。与产品和价格互为因果不同，产品的权重大于渠道，因此产品对渠道的话语权大于渠道对产品的话语权；一个产品可以以不同身份同时进入几个不同类型的销售渠道，而渠道对此很难限制。

以电视机为例。随着技术进步和社会发展，电视机早已从最初的奢侈品变为绝大部分社会成员不可缺少的生活用品，不同价格、档次、功能特点的产品极大丰富。任何一台电视机投放市场以后，不但可以在百货商店、超级市场、专业商店、仓储商店、大卖场（特级商场）、专卖店、产品陈列室推销店等不同的零售商店找到若干个适合的渠道；还可以在多种无店面零售方式或零售机构中选择渠道，如直接销售、直复营销、购物服务公司、公司连锁商店、自愿连锁店、零售商店合作组织、消费者合作社、特许经营组织和商业联合大公司等。如果是饮料等大众商品，则还有综合商店、折扣商店、连锁商店、自动售货、便利店等可以选择。

此外，产品对渠道的影响还体现在渠道得为适应产品销售需要而进行改进。许多商品有专业的销售要求，制造商选择渠道时会留意考察相关的销售条件，而渠道单位希望成为某产品经销商时也必须适应销售要求，完善相关的硬件和软件。例如准备销售电视机的超市，需要检查并改造库房和储货架的通风防潮条件（货架底层防水高度等）、内部运输条件、设置现场演示和选购电视机的电源信号源、必要的检查和维修工具、防震防擦伤的桌面，还需要培训营业员、引进有专业知识的技术人员、制定工作流程和管理制度等；边远地区需要同时承担保修维修任务的经销商更要建立修理部门、准备检查仪器、工具、备换件、招聘修理人员、获得制造商许可等。

此外，经销商在资金、渠道等方面也必须适应商品销售需要。家用电器资金周转要求高而利润一般，是大进大出的大宗商品，但对提升经销商形象、完善经销范围等方面有很大的作用，因此很多经销商重视家电销售，并愿意为此筹备资金条件以适应需要。而渠道关系更加密切，高技术（使用复杂）、短寿命（时尚、流行）、高价格（奢侈品、新产品）、大众商品（减少价格上涨因素）、二线产品（非名牌、中小企业）、储运难度高（易腐、易破碎）的产品不适合使用长渠道。经销商一旦决定销售这类商品，就要按产品要求积极建立相应的短渠道。

（2）渠道对产品的影响

如前所述，渠道对产品的影响主要表现在产品定型前的创意和定位阶段，具体有产品未来的渠道类型、宽度、长度，具体销售地点及地点范围等。这些将与功能设置、造型档次、风格特征等发生关系，需要工程师和设计师充分考虑。例如，销往边远地区的产品基本上都由中间商转手经营，渠道较长，因此有的产品要考虑能妥善地分解后装在体积紧凑、结实可靠的包装内，使用户购买后又能方便地组装；出口商品因为路途遥远和质量要求高，更需要在设计中高度重视该问题。

又如，超市和大卖场是中低档产品的集中地，前来购物的大都是追求廉价的消费者。一些家电产品为适应渠道所对应的消费群体需要，需要在结构和材料上采取措施降低成本以符合其特定要求，如适应廉价的一次性结构设计：不能多次拆卸的自攻螺钉、功率适当过载而发热的电机、融烫固定桩柱、代替金属的工程塑料件等。

渠道对产品的约束基本在设计上可以采取对策消除，因此影响相对较小。

2.1.2.3 产品和促销

（1）产品对促销的影响

促销是一种通过有利信息传播沟通以提高销售量或销售额为主的经营活动。其短期效应表现为使消费者对卖方产生好感、说服其接受某个产品或观念、促成和推动销量扩大，长期效应则体现在控制企业形象、建立良好的公共关系、促进企业的长期发展方面。

促销的本质是传递信息，促销组合的意义是将有利于促销的因素按企业需要构成促销服务的特定组合。在市场营销体系中，促销组合以广义和狭义两个层面的意义存在。

广义促销组合在最大限度上包容了对促销作用的所有因素。4Ps 市场营销组合中的产品、价格、销售渠道、促销都属于广义促销的范畴。广义促销不仅考虑销量，还更全面地考虑企业整体利益，如销售利润、社会形象、经营优化、可持续发展等近期和中远期因素，具体如外观造型、功能设置、质量与服务、包装设计、价格与支付条件、展示陈列、销售优惠等。本章讲述的是市场营销体系中的促销与其他因素的组合关系，因此指的是广义促销。狭义促销组合主要关心商品销量或营业额，方式方法只限于在市场营销组合"促销"因素所涉及的"广告、人员推销、营业推广、公共关系"四种主要促销工具内编配，目的是以更有效的方式向购买者传播和沟通信息。下面以包装设计为例说明广义促销和狭义促销的区别。据世界著名的包装材料生产企业杜邦公司调查，63% 的消费者根据商品的包装做出购买决策，到超市购物的家庭主妇则由于被精美的包装吸引，所购物品通常超过出门时打算购买数量的 45%，因此包装是重要的促销因素之一。但是，包装的修改或更换工作通常只在广义促销的范畴中才有机会实施，即市场营销体系的产品设计、价格确定、销售渠道选择的过程中。与此相区别的是，进行狭义促销时通常只能将已有产品及其包装宣传推广出去，而没有机会对产品包装进行修改和调整。

促销是受产品影响的，产品能否成功销售在很大程度上取决于产品本身的功能特征、价格、销售渠道的综合结果。如果产品本身先天不足，那么怎么宣传也无济于事。

广义促销涉及的因素很多，只要对促销有利都可以利用。因此产品的独特创意、正确的市场定位、先进性能、合理构造、周到的功能设置、满足用户消费心理的外观造型、环保的结构及材料选择，以及具有品味的环境协调感和文化意义等，都是对促销有力的贡献。事实上，这些代表社会消费主流意识的节点都是受社会重视的关键，具有这些特征都可以作为向竞争者挑战的优势，当然也就有了促销卖点——一种能让购买者获得利益的产品特点。

就狭义促销而言，四种促销工具的使用会受产品的一些特性影响。以广告为例，结构复杂的技术进步产品，如 IT 新产品需要采用传播面广、适合形象表达复杂信息的电视媒体，不但生动明确，还可以调动多种艺术手法打动消费者；而简单明了、需要营业推广的商品如大众食品和生活用品，更适合采用平面媒体宣传，不但保存时间长便于比较，而且一些优惠折扣券也可方便地印在一起，以激发消费者的新奇感并吸引他们前来观看和购买。

卖点是促销的依据，就像爬山时蹬脚的石块那样。在市场营销组合中，产品对促销的影响永远是最主要的，在总体上超过价格和渠道。解决问题的产品可能价格略高一些，但没用的产品即使价格再低也无人购买。

以宝洁洗衣液为例，在营销方面，主要立足于清楚定位每个品牌甚至下面产品线和产品系列的基础上，跟消费者进行良性的沟通和对话，提高品牌在消费者心中的首选度。

具体而言，汰渍是更普罗大众的品牌，因此营销侧重点在于让更广泛的受众了解产品和品牌。此外，汰渍面向的大众消费者更关心家庭、孩子，对产品的基础清洁功能也要求更高，因此宝洁选择有"国民媳妇"之称的海清做代言。在此基础上，考虑如何加强市场拓展的深度，比如产品分销如何做得更加深入，如何利用电视媒体提高知名度的同时优化媒介组合，这就需要考验宝洁的渠道促销能力以及媒介评估和投放能力了。

当然，注重广度并不意味着不需要创新。以洗衣液为例，汰渍比较基础的产品是全效 360 系列，2014 年推出洁净果香系列，面向的消费者就是都市白领人群，营销方面走的也是小清新的路线。比如宝洁推出的"穿在身上的视频"活动，就找来了一个漫画家和三百多个消费者，把漫画一幅一幅穿在消费者身上，然后串成视频，并在网络上传播，最终取得了非常良好的市场反响（见图 2.6）。

碧浪是主要面向大城市白领人群的品牌，他们注重生活品质，对产品去除顽渍的功能需求较强。因此，除了强化产品去除顽渍的功能性外，宝洁选择能够接触到都市白领的各个媒体投放渠道，比如结合电视广告，在网络、电梯、车身、地铁等渠道进行投放。

2013 年，碧浪基于淘宝、微博、微信做的"硬币换大牌"活动就是很好的例子。在这一活动中，宝洁洞察到碧浪的消费者和很多奢侈品大牌有很大程度的重合，同时也看到电商、社交媒体平台在这群消费者中扮演的重要角色，于是联合电商与社交平台，与消费者进行了很好的互动。在这一过程中，碧浪的品牌定位和产品特色也得到了宣传（见图 2.7）。

（2）促销对产品的影响

根据市场营销理论的"整体"和"全盘"的理解，促销也会对产品产生约束。这个约束同样来自于广义促销和狭义促销两个方面。其中，广义促销的约束包括了价格、渠道、促销对产品的影响。根据创意和定位预定的这些因素将在很多方面限定产品的设计，因此影响显而易见。

图 2.6　全效 360 系列 2014 年推出洁净果香系列

图 2.7　"硬币换大牌"活动

比较难理解的是狭义促销对产品的影响。按理说，狭义促销是在产品出厂后进行的促销工作，由于质量功能（涉及产品）、利润成本（涉及价格）、销售环节（涉及渠道）在此之前已经确定，因此只能关心销量或销售额，对产品没有什么影响。但事实上，即使在狭义促销的工具操作时，也需要完美的产品形象、满意的使用性能等与产品本身直接相关的要素支持。无论是从广告宣传表达的外观造型、技术数据、定位口号，还是从营业推广开展的说服介绍、演示宣传，都需要产品提供足够的依据。这些依据可以上溯到产品创意和设计过程中对销售需要的种种考虑分析，完全符合市场营销理论的"整体"和"全盘"的认识。

2.1.2.4 价格和渠道

价格在市场营销组合中的地位仅次于产品，对渠道和促销的作用十分明显。价格和渠道的关系本质是制造商和经销商之间的博弈，是话语权的强弱决定了对对方的支配能力。

（1）价格对渠道的影响

价格是强者时，价格对渠道的影响表现为价格对渠道的决定和支配，以及渠道对价格的服从。价格有权力选择渠道，愿意放下身价或执意上调是价格的事，渠道难以拒绝。

价格对渠道的约束关系中还涉及了一些中间因素，如消费群体。

产品在创意、设计、定位时，已经充分考虑了产品的价格和消费群体。因此产品投放市场后，两者在很大程度上已经构建了对应关系。大众商品进超市、便利店、大卖场等，高档商品进专卖店、百货商店、店中店专柜等，中档商品则处于两者的交界区域，泾渭分明不会搞错。每个人主要光顾适合自己购买力的销售场合，因此价格与消费群体的关系自然延续到了销售渠道上。

消费群体促使渠道对强势价格服从，除了经济条件外，还和消费观念和消费习惯等有关。受现有消费群体的限制，经销商一般不愿轻易改变当前价格层面，唯恐因此脱离现在的服务对象。但是，一旦渠道决定转向其他价格层面的商品销售时，也必然面临消费群体的更换。正如制造商在退出原来行业时可能遭遇"退出壁垒"一样，如果新的消费对象不认可转向的销售渠道，原来的老顾客又被甩掉了，那么该经销商就会进退两难。

（2）渠道对价格的影响

当渠道是强者时，要进入渠道的商品售价也会因此受到影响。

价格对渠道的适应实际上是产品对渠道的适应，当产品的话语权小于渠道时，制造商就要服从经销商的要求，首先体现在渠道对产品价格的影响。实力雄厚的大型超市给进场的制造商规定了许多要求，除价格外对货币支付也有很多令制造商"头痛"的条件。俗话说"店大欺客"，商品涉及的档次、价格、利润、回款条件、降价促销规定等在很大程度上都被强势渠道控制。

2.1.2.5 价格和促销

（1）价格对促销的影响

价格对促销的影响表现为促销对价格的服从和为价格服务。不同价格的商品有不同的促销方法就反映了这个关系；高价产品需要用人员推销，低价产品需要用广告促销。

量大面广的大众商品对价格十分敏感，因此往往走中低价路线，让消费者得到购买合算的满意感。这类商品的利润获取在于占有足够的市场份额以支持企业实现规模经营。像饮料、洗涤品、保健品等商品就需要依靠传播范围大、生动形象、平均成本低的广告。另外，量小面窄的商品，例如 IT 之类高价的技术进步商品，在新上市阶段则因受众面较小而往往采取广告加资料发送的方法进行促销。印刷精美的宣传页和小册子不但便于保存研究产品的方方面面，而且有利于培养潜在消费者的兴趣，提高对他们的吸引力，推动他们最终做出购买决策。

除了各类商品会根据价格选用不同的促销方式外，同一产品处于不同寿命周期时也会采取不同的价格策略，对应的促销手段也会滚动变化。以前昂贵的新产品最终都会进入成熟期和衰退期，成为价格便宜的普通生活用品。人们熟悉的显像管 21 寸彩电，不但性能大大提高（从球面变为平面、纯平、超平），售价从以前最高 2500 元左右降到了800 元左右，而且促销手段发生了明显的变化：从昔日郑重其事地做精美广告变成了随意的口头简单介绍，甚至把商品放在不起眼的位置让顾客自己去发现；而把重点转移到了现在的"新贵"液晶和等离子大屏幕彩电上面，演示、打折、送礼等也都频频用在"新贵"身上，反映了价格对促销的支配作用。

（2）促销对价格的影响

促销是为了争取更多的潜在消费者实施具体的规模行为，因此必须提供足够的购买理由和动力，其中包括促销对价格的要求。

任何消费者都会注意价格因素，没有人真正愿意为购买多付出钱，只不过认识上存在差距而已。因此在可能的情况下，促销总是把价格作为最敏感而有效的因素纳入考虑的目标。企业通常会采取两种方法来解决促销对价格的影响：调整价格，或者有意淡化价格意义。

① 调整价格　通常情况下，商品价格和价值有一个由行业和社会大众共同认可的基本对应关系，即使有些波动也围绕这个对应关系变化，不必刻意调整。但有时候出于促销需要，面对不同时机、不同购买者对不同商品的需求，制造商或经销商会对价格采取调整措施，包括提高和降低。调整价格体现了促销对价格的显性影响，依据是销售者判断调价能够给购买者带来更大的利益，因此商品调价后将增加必要的吸引力。

人们一般对降价比较熟悉。在广义促销层面，低价是产品开发定位时遵循营销策略制定的结果，在狭义促销上往往表现为短暂的降价促销活动，例如进行营业推广时的优惠、折扣、返券、提高服务等。在很多情况下，无论广义还是狭义，价格按照促销要求定低或降低以后就相应取得了价格优势，能够吸引购买者的注意、激发购买兴趣。在其他因素不变的情况下，超值购买会促使购买者在对价格权重理解，以及利益最大化的追求下重新考虑此前作出的购买决策；在促销对价格敏感的大众商品时，广义或狭义的价格调低策略往往会取得出色的销售效果。

提高价格也是促销的常用手段。在广义促销上，如果说低价是迎合了购买者对货币的物质购买性重视，那么高价则是表达了购买者对货币的心理购买性重视。愿意花更多的钱去买物理价值相似商品的购买者，通常追求的必然是商品的心理价值。这种心理价值依靠价格升高才能得到表达，因此对这类购买者的促销需要调高价格。符合这类条件的有与价格密切相关的商品，如奢侈品、高档名牌商品、高度个性化的限量昂贵商品等。这些商品依靠高价格表现了消费者的身份、地位、财富等，因此给促销带来了便利。以服装为例，同样一件时装在低价时不引人注目，因为价格与价值大致相符，没有值得特别关注的理由；但是当同样这件衣服在原来的商店里被高价标示，就可能因为超越物质价值的心理购买意义受到关注，例如虚荣、标新立异、猜测中的文化意义等。很多国外普通商品就是在这类理由推动下成了我国国内的高档名牌商品。

提高价格的另一种形式是在狭义促销中提价，即涨价促销。通常是采取与同行相反的行为，标新立异地提出新概念（如卫生保健、享受生活等），或者利用消费者买涨不买跌的心理（原材料涨价必然带动成品涨价，不及时购买损失更大）吸引消费者注意并认可涨价合理，为促销创造市场基础。不过涨价促销较难操作，在没有特别有力的理由下进行某一概念的炒作具有较大风险，如果同行不跟进的话就很难掀起购买热潮，反而可能使自己放弃已有的市场份额而不了了之。

② 淡化价格意义　淡化价格意义是在价格不能改变，或者价格改变需求成本很大的情况下采取的对策行为，表现了促销对价格的隐性影响。例如，采用撇脂法销售的新产品以尽快收回前期投资为近期目标，因此促销策略非但不能考虑降价，甚至连价格因素也必须尽量避免涉及，以免引导消费者将注意力集中到价格上来斤斤计较，影响销售。正确的促销策略是向消费者介绍产品的各项新功能，并分析这些功能会给购买者带来的使用价值等好处，使产品价值而不是价格成为消费者关心的目标。也就是说，对于这类产品，只有合理淡化价格因素，促销才可能成功。

2.1.2.6　渠道和促销

促销目标是提高销售的数量和金额，在"广告、公共关系、营业推广、人员推销"4种促销工具中，营业推广主要由经销商掌控，人员推销主要由制造商掌控，广告和公关两者都参与。

（1）渠道对促销的影响

任何事物都具有多种属性，销售渠道涉及的类型、规模、地理位置等因素在最佳经济效益的制约下会从不同方面对促销产生不同要求和影响。其中渠道影响较大的是经销商直接掌控的"营业推广"，其次是共同掌控的"广告"和"公关"。

1）渠道类型约束促销

渠道种类约束了促销种类。例如，超市和大卖场等是销售大众商品的渠道，经销商可以灵活使用以营业推广为主的促销手段，包括赠送样品、有奖销售、套餐打包、现场示范、降价优惠、以旧换新、购物抽奖、买一送一等方法，但不能使用人员推销；相反，产业商品适合人员推销，以便向客户仔细解释技术问题和协商服务要求，而用广告、营业推广、公共关系却不行。

由于广告和公关促销由渠道（经销商）和制造商从不同角度共同开展，因而彼此构成了促销组合。

例如广告促销，针对同一产品，制造商使用大面积传播的媒体广告，主要宣传产品的功能、质量、外观、文化意义等；经销商则主要使用作用范围小的售点广告、路牌广告、商场室内广告等，集中宣传价格、优惠条件、售后服务等，构成广告组合。

2）渠道规模约束促销

渠道规模对促销的约束主要来自于规模所需求的促销规模和促销种类方面。

大规模的销售渠道，商品吞吐量大，资金周转要求高、销售辐射面大，因此需要高效率促销，以便尽量在短时间内将消费者吸引过来。这种促销方式往往规模大，形式多样，例如连锁超市的辐射面大、影响广泛，适合采用广告宣传以与其特点匹配；大中城市的家电超市节假日大促销，就往往事先通过报纸和电视媒体先声夺人地大做广告，有的还将产品目录投递到附近居民家中以聚集人气。但是，主要依靠细水长流的精品专卖店就不会采取类似方法促销，可能最多就在门口增加几块 POP 广告而已，有的连任何宣传都不做，因为它的销售对象是小众而不是大众。

3）渠道位置约束促销

渠道的地理位置也对促销有一定约束作用，以仓储式超市为例很能说明问题。这种卖场是供集中购买的大型销售渠道，需要很大的营业面积和庞大的仓储能力支持。为降低用房成本和便于停车，总是选择较偏僻的城郊地区。近年来我国城市房地产开发火爆，许多市中心老城区的居民被迁居到城郊，和仓储式超市拉近了距离，因此形成了自成一体的促销方式。例如可以：

① 设购物班车吸引远地居民前来购买　我国家庭轿车还不普及，班车解决了因各种原因远离某渠道门店而忠诚度较高的消费者的交通问题，同时也给一些并非前来购物的"蹭车者"提供了近距离观察和激发购买兴趣的机会，而车身广告在城市街道上反复出现则是不花钱的长期有效广告。

② 使用公里数路牌和广告牌吸引消费者　由于地理位置较偏，通常都标明公里数指示位置，暗示消费者"距离不远"，不妨去看看。

③ 促销手段比较平和　仓储式超市的促销手段比较平和，不太使用撒大网般而针对性不强的媒体广告。由于主要供批量购买，因此也不像普通商场那样搞现场演示、试用、抽奖等造气氛的活动。

（2）促销对渠道的影响

狭义促销的促销工具对销售渠道影响很小，通常渠道不会因促销组合而轻易发生改变。因为渠道和促销都由同一人掌握（人员推销由制造商，非人员推销由经销商），因此容易调整决策。也就是说，在绝大多数情况下，狭义促销的目的是在既得利益上扩大成果、增加业绩的举动。通常仅考虑销售量或销售额的短期行为，与利润、长远目标基本无关，属于战术行动而不是战略行动，并非生死攸关地在此一搏。

因此，制造商或经销商通常不会花力气改变销售渠道，而愿意改变促销方式。这更符合利益最大化的原则，证明促销对渠道影响很小。制造商或经销商一旦发现某种方式明显不适合就可以舍弃更换；而认为所有促销方式都无法运用时甚至可以放弃促销。

▶ [案例] Intel（英特尔）——世界没有陌生人

（1）营销背景

英特尔在中国处理器市场已经占有 80% 以上的市场，但是中国大众对英特尔的品牌理念并不清楚。所以急需一场大规模的营销传播运动来让广大中国大众了解英特尔，提升品牌认知。

（2）营销目标

面对中国大众，传播"领先科技带来奇迹，推动社会改变（Amazing things happen with leading technology）"的英特尔品牌理念。

（3）策略与创意

一个人，一台超极本，一个社会化媒体，140 元钱，一条回家路，测量社会温度，让世界没有陌生人。

图 2.8　暖暖敦煌到北京

借势春运大事件，10 位选手踏上回家之路，仅仅依靠微博上的陌生人提供的各种帮助，徒步或骑行过年回家，让中国大众见证社会化媒体这一领先科技所带来的奇迹和社会温暖（见图 2.8）。

（4）执行过程／媒体表现

10 位选手，每人只带一台超极本和 140 块钱，徒步、骑行过年回家，路上仅依靠微博上陌生人的帮助，挑战千里回家路。

① Step1　通过腾讯微博征选 10 位拥有不同背景（白领／大学生／户外爱好者／模特／志愿者／母亲／摄影师等），有着各自故事的选手（见图 2.9）。

② Step2　春节前 20 天，10 位选手沿着 5 条路线回家，徒步或者骑行。

图 2.9　通过腾讯微博征选 10 位拥有不同背景，有着各自故事的选手

路途中，选手只能通过腾讯微博向陌生人发出求助（食物、借宿、搭车等），英特尔和腾讯进行全程跟拍记录。

通过微博专属话题 #140 块钱回家 #，微博选手上演微博直播，实时转播路程进展并发出求助。

网友们可以通过世界没有陌生人的活动主页实时关注 10 位选手的进展，最新求助、最新帮助信息以及途中发生的温暖感人的故事，并提供帮助。

英特尔超极本也作为 10 位选手的"超极伙伴"一直伴随着他们的回家之路。

同时"140 块钱回家"的新闻在腾讯网、腾讯微博和腾讯 QQ 三大平台逐渐散播（见图 2.10）。

③ Step3　在春运结束后，根据一路跟拍记录剪辑而成纪录片《世界没有陌生人》在腾讯视频进行传播（见图 2.11）。

（5）营销效果与市场反馈

CCTV《东方时空》、《特别关注》在黄金时间自发报道该事件，引发强烈关注。北京作为移民大城市，在春节前通过《北京您早》、《北京晚间新闻》两档重磅新闻节目进行了报道。另外，包括《中国日报》在内的 45 家主流报纸报道该事件。

Google 搜索量"140 块钱回家"达到 3300 万条！

27000 条微博联系选手，提供各种帮助，为 10 位选手送温暖。

英特尔也借此传播了 Amazing things happen with leading technology 的品牌理念，英特尔超极本的社会化媒体提及率提升了 128%。活动期间，80% 的英特尔超极本品牌声音来自于微博。

《世界没有陌生人》纪录片病毒视频播放数超过 6000000 次。

图 2.10　通过微博专属话题微博选手上演微博直播，实时转播路程进展并发出求助

图 2.11　纪录片《世界没有陌生人》，笨妈小宝在长沙网友家吃饭

·2.2　平衡内外营销

正如《财富》杂志评论员所言，世界 500 强胜出其他公司的根本原因，就在于这些公司善于给他们的企业文化注入活力。凭着企业文化力，这些一流公司保持了百年不衰。企业文化都是靠全体人员的思想、理念和行为形成，企业的文化力强说明企业的内部营销做得好。

可口可乐的商业理念：公司商业回报来自于公司员工对工作价值与社会责任的认可。可以看出可口可乐公司对自己员工的重视，正是由于做

图 2.12　可口可乐商业广告

好了内部的工作，才使企业的外部营销做得如此成功（见图 2.12）。

2.2.1　从企业结构看内外营销

早在 1994 年，哈佛教授赫斯凯特的"服务利润链管理理论"就认为，企业的内部员工越满意，企业的外部顾客就越满意，企业的获利能力也就越强。要想做好内部营销，企业必须避免传统管理模式的缺陷，实施倒金字塔式的管理方式，将顾客放在最上层，第一线员工放在第二层，第三层是中层管理者，最下层的是企业决策者和董事。

企业要生存，就必须盈利，要盈利，就必须以顾客为中心，提供产品或服务。直接向顾客提供产品或服务的不是企业的董事会、高层管理者，而是企业的一线员工。一线员工来自

企业的营销部门、财务部门、生产研发部门，任何一个部门的员工工作或服务有问题，都可能直接影响企业外部顾客的满意度，进而影响利润的增加，影响企业的持续发展。因此企业在做营销时，不仅要进行外部营销，还要进行内部营销，而且内部营销要先于外部营销。

何谓内部营销？菲利普·科特勒指出，内部营销是指成功地雇用、训练员工，最大限度地激励员工更好地为顾客服务。需要注意的是，企业内部的员工在不同的时候扮演不同的角色。在进行外部营销时，员工作为营销者为外部员工提供服务；在进行内部营销时，员工作为顾客被提供服务。有时一线的员工也分为前台人员（直接面对顾客的员工）和后台人员（为前台提供后勤服务的员工）。为了避免前台后台人员相互不买账，必须协调好各级各层的关系，对其进行内部营销。

2.2.2 进行内部营销要把好三道关

如果企业缺少好的内部运作，不能在众人面前展示企业自身的文化特色，不能抱着一种良好的心态去面对工作，即使有再广阔的外部营销空间，也只不过是徒劳而已。

内部营销的最大作用在于让员工最大限度地为顾客提供服务，因此要想做好内部营销必须把好三道关：雇用、训练、激励。

（1）雇用

企业在招聘员工时，一定要选好人。人力资源部门直接承担起营销的责任，如何做好招聘的宣传，对招聘人员考核标准的要求，对应聘者学历、经历、资历及道德的要求，是否认同公司的文化和结构等都是选好人的关键。招聘时一定要设好岗位，做到人尽其才，让合适的人在合适的岗位工作。这样才能留住人，从而更好地为客户服务。

（2）训练三招

企业在招聘好员工时，一定要对员工进行培训。企业的成功，基于所有员工的成功；员工的成功，基于不断的学习与训练。如果我们发现员工的技术操作不标准，却不加以纠正，那么就意味着我们愿意接受较低的工作标准，让顾客得到较低的服务质量，从而影响到消费者的心理，直接影响利润。培训能提高员工的技术能力、提高员工的操作熟练度，相应地就提高了工作效率；培训是实现人才储备的重要手段；培训能促进公司各部门的协调合作，培养团队和整体作业精神。每一名员工都想成为优秀的员工，有些时候，员工之所以会犯错并不是员工的本意，而是员工根本不知道怎么做是正确的、正确的标准是什么。

对员工培训时要有明确的目标，不同岗位有不同的要求，在进行培训时最好要有SOP（标准的作业程序），以减少不必要的步骤，大大提高效率。培训方式要灵活，下面给出各有优势的训练三招。

① 座谈式 员工在培训负责人的主持下，坐在一起提议、讨论、解决的一种方式。此种方式可以就某一具体问题或某一制度进行提议、讨论，然后达到解决的目的。让每一位员工都能参与其中，并能发挥自己的独到见解。作为负责培训的人员，也可以集思广益。但此种方式并不是散乱无序，培训负责人一定要事先列好提纲和议题。座谈式培训不但可以教会员工许多知识或技能，达到培训的目的；还能提供给内部员工交流

的机会，并达到促进员工友好合作的效果。

② 课堂培训 课堂培训是最普遍、最传统的培训方法。它是指培训负责人确定培训议题后，向培训部申请教材，或自己编写相应的培训教材（培训前要请培训部审定教材），再以课堂教学的形式培训员工的一种方法。此种方式范围很广，理论、实际操作、岗位技术专业知识都可以在课堂上讲解并分析。

③ "师傅带徒弟"帮带培训

自己学习是爬楼梯，跟师学习是坐飞机。新进的员工与资深技术员工结成"师傅带徒弟"帮带小组，并给出培训清单（上面列出培训标准内容和要求等）。此种培训方式可以采取一带一或一带多，但最好采取一带一；考核要求对新员工与资深技术员工一起考核，这可以让资深技术员工有责任心。

在实际培训中，往往是将多种方法综合在一起，这样才能让学员更快、更多地理解所学内容。通过培训，可以让平凡的人胜任不平凡的工作。

（3）激励六法

管理者都希望自己的员工认真地工作，为顾客提供满意的服务，为组织创造更多的效益。人都有很大的潜力没有被开发出来，要使员工积极自主地工作，管理者就必须对员工进行有效的激励，把员工的潜能焕发出来。激励的方法有很多，企业可以针对自己的情况，采用适当的方法。下面给出激励六法。

① 顺性激励 为员工安排的职务必须与其性格相匹配。每个人都有自己的性格特质，从事的工作也应当有所区别。与员工个性相匹配的工作才能让员工感到满意、舒适。

② 压力激励 为员工设定具体而恰当的目标。目标设定应当像树上的苹果那样，站在地上摘不到，但只要跳起来就能摘到。目标会使员工产生压力，从而激励他们更加努力地工作。在员工取得阶段性成果的时候，管理者还应当把成果反馈给员工。

③ 物质奖励激励 针对不同的员工进行不同的奖励，奖励机制一定要公平。管理者在设计薪酬体系的时候，员工的经验、能力、努力程度等都应当在薪水中获得公平的评价。

只有公平的奖励机制才能激发员工的工作热情。奖励要及时兑现，不能光说不做，这样会让员工对公司失去信心。公司要对员工诚信，说到就要做到，做不到的一定不要先说，以免给员工一种欺骗的感觉。员工大多都是"近视"的，他们不相信遥遥无期的奖励。所以对员工的奖励要经常不断，让员工看到希望。

④ 精神奖励激励 一句祝福的话语，一声亲切的问候，一次有力的握手都将使员工终生难忘，并甘愿为企业效劳一辈子。当员工工作表现好时，不妨公开表扬一下；当员工过生日时，一封精美的明信片、几句祝福的问候语、一次简易的生日 Party，将会给员工极大的心灵震撼。对下属员工提出的建议，要微笑着洗耳恭听，一一记录在册；即使对员工的不成熟意见，也要一路听下去，并耐心解答；对员工好的建议与构想，张榜公布。奖励一个人，激励上百人，把所有员工的干劲调动起来。

⑤ 友善激励 友善激励可以改善企业内部员工的人际关系。有相当一部分员工的离职是由公司内部员工的人际关系不和引起的。员工都愿意在和谐融洽的气氛中工作。企

业和职员之间要达成共识,形成一种"军民鱼水情";工作当中,需要配合、协作、主动。企业有良好的经营理念和指导思想,员工就会有良好的工作态度和行为。

⑥ 环境激励 良好的办公环境能提高员工的工作效率,能确保员工的身心健康。对办公桌椅是否符合"人性"和"健康"要进行严格检查,以期最大限度地满足员工的要求。每天可以设立专门的休息时间,放点音乐调节身心,或者利用健身房、按摩椅"释放自己"。

2.2.3 平衡内部营销和外部营销

内部营销先于外部营销,内部营销的目的是更好地进行外部营销。内部营销的实质是,在企业能够成功地达到有关外部市场的目标之前,必须有效地运作企业和员工间的内部交换,使员工认同企业的价值观,形成优秀的企业文化,协调内部关系,为顾客创造更大的价值。

来看看麦肯锡公司是如何平衡公司的内部营销和外部营销关系的。麦肯锡公司是咨询业的标杆公司,是一个在经营业绩上取得显著、持久和实质的提高,并建立了能够吸引、培养、激励和保留优秀人才的精英公司。简单地说,客户和人才是麦肯锡公司的两大使命。客户是外部营销的对象,人才是内部营销的对象,麦肯锡平衡了两者的关系,首先做好了内部营销,又做好了外部营销,才使得公司基业常青。

麦肯锡在内部营销方面的表现是:任人唯贤而不是论资排辈,且在聘人、培训、激励方面都做得很好。

第一,麦肯锡只聘用名校最优秀的毕业生,内部有一个不晋则退的机制,每一个咨询顾问每隔两三年都要有一个新的发展台阶,这样才能不断使人才往更高的阶段发展。

第二,麦肯锡着重团队合作而不是残酷的竞争,提升并没有名额限制,完全在于个人,只要达到标准就可以提升;离开也不是竞争形成的,而是因为外部机会更好或者因为不能适应更高要求的角色。

第三,麦肯锡从不把离开的人看作失败者,反而会为他们提供帮助,甚至会帮他们推荐去处,体现了它的人性化管理,激励员工,让员工对公司存有感恩之心。

第四,麦肯锡每个人都重视对人才的培养。麦肯锡每年都会在培训上投入巨资。此外,每个咨询顾问甚至合伙人都参与到基础的招聘工作中,麦肯锡对此有一套完整的流程和标准。每一个咨询顾问都肩负着对小组成员的评价和反馈,无障碍地互相学习和沟通已经成为麦肯锡的一种习惯和文化。

麦肯锡的外部营销则为:以客户为中心,把客户利益放在公司利润之上。顾问为客户的事情绝对保密,应对客户诚实并随时准备对客户的意见提出质疑,能做到的就答应客户,不能做到的绝不会欺骗客户,只接受对双方都有利并且可以胜任的工作。麦肯锡公司之所以能做到以客户为中心,关键是有很好的企业文化,首先做好了企业内部营销。

实行内部营销是为了把外部营销工作做得更好。因此我们在进行营销时要平衡好企业的内外部关系,发现外部顾客需要什么、雇员需要什么,然后寻找这些需要的平衡点,合理地分配企业资源。不能把所有资源都放在内部营销上,也不能把所有资源都放在外部营销上,而一定要根据企业自身的情况、所在的环境分配好必需的资源,包括人力、物力、财力和信息。

·2.3　制订营销计划

营销计划是什么？为什么说营销计划对于企业的成功至关重要？

几乎所有的企业，成功的市场营销都是从一份好的营销计划开始的。大公司的计划书往往长达数百页，而小公司的营销计划也得用掉半打纸。请将你的营销计划放入一个三孔活页夹内，这份计划至少得以季度划分，如果能以每月划分那就更好了。记得在销售及生产的月度报告上贴上标签，这将有助于你追踪自己计划执行的成绩。

一般计划所覆盖的时间跨度为一年。对于小型公司而言，这通常是对营销行为进行思考的最佳方式。一年的时间，世事多变，人来人往，市场在发展，客户在流动。随后我们会建议你在计划的某一部分，对企业中期未来，也就是起步后两到四年的时间进行规划，但是计划的大部分还应该着眼于来年。

你需要花上几个月的时间去制订这份计划，哪怕只有区区几页。制订这份计划对于营销而言是"重中之重"。虽然计划的执行过程也会面临挑战，但是决定去做什么和怎么做，才始终是营销所面对的最大困难。绝大多数的营销计划都要自公司的创办伊始就开始执行，但是如果有困难的话，也可以从财政年的开篇开始。

你做好的营销计划应该拿给谁看？答案是：公司的每一位成员。很多公司通常将其营销计划视为非常非常机密的文件，这应该不外乎以下两种看起来差别很大的原因：要不就是计划内容太过干瘪，以至于管理层都不好意思让它们出来见光；要不就是其内容太过丰富，涵盖了大量信息……无论是哪个原因，你都应该意识到，营销计划在公司市场竞争中格外具有价值。

你不可能在制订营销计划时不让他人参与。无论公司的规模多大，在计划制订的过程中你都需要从公司的所有部门得到反馈：财务、生产、人事、供应等，当然销售本身除外。这点很重要，因为它将带动你公司的各部门来一起执行你的营销计划。对于什么是可行的以及如何实现目标等问题，公司的关键人物可以为你提供具有现实意义的意见，并且还会与你分享对任何潜在的、尚未触及的市场机遇的见解，从而为你的计划提供新视角。如果你的公司采取个人管理模式，那么你必须在同一时间兼顾多个方面，但是至少会议时间将缩短。

营销计划与商业计划或是前景陈述之间的关系是什么？商业计划是对你公司业务的阐述，也就是你做什么、不做什么以及你最终的目标是什么。它是"远见卓识"，所涵盖的内容要多于营销，可以包括公司选址、员工、资金、战略联盟等，也就是用那些振奋人心的言语阐明你公司的远大目标。商业计划对于你的企业而言就像是美国宪法：如果你想要做的事超越了商业计划的范畴，那么你要么改变主意，要么修改计划。公司的商业计划应该为营销计划提供良好的环境，因此两份计划必须是相一致的。

从另一方面而言，销售计划充满了意义，会让你从如下几个方面受益。

（1）号召力

营销计划会让你的团队紧密团结在一起。对公司而言，身为经营者的你就像是船长，手握航行图、驾驶经验丰富并且对于目的港口心中有数，你的团队会对你充满信心。企业往往低估"营销计划"对于自己人的影响——他们想要成为一个充满热情并为复杂任务而共同努力的团队的一员。如果你希望你的员工对公司死心塌地，那么与他们分享你对于公司未来几年走向的规划就很重要。员工并不是总能搞懂财务预测，但是一份编写良好且经过深思熟虑的营销计划会让他们感到兴奋。你应该考虑向全公司公开你的营销计划，哪怕只是一份缩略版。大张旗鼓地去执行你的计划，或许会为商业投机创造吸引力。另外，你的员工会为能参与其中而感到自豪。

（2）走向成功的线路图

我们都知道计划并不是十全十美的。你怎么可能知道 12 个月或是 5 年后会发生些什么？如此说来，制订一份营销计划是不是徒劳无益？是对本可以花在与客户会面或是产品微调会的时间的浪费？的确有可能，但这只是就狭义的角度而言。如果你不制订计划，结果却是可见的，并且一份不完善的计划要远好于没有计划。回到我们那个关于船长的比喻，与目标港口有 5°～10° 的偏差要好于脑海中就没有目的地。航海的目的，毕竟是到达某处，如果没有计划，那么你将在海洋中漫无目的地飘荡，虽然有时会发现陆地，但是更多的时候都是在漫无边界的海洋中挣扎。而且，在没有航行图的情况下，很少有人会记起船长曾发现了什么，除了你沉没时的海底。

（3）公司的运营手册

营销计划会一步步地将你的公司带向成功，它比前景陈述更重要。为了制订一份真正的营销计划，你需要从上到下了解你的公司，确保各个环节都是以最好的方式结合在一起。想在来年把你的公司发展壮大，你能做的是什么？那就是制定一个规模宏大的待办事项清单，并在上面标注出今年的具体任务。

（4）想法备忘录

无须让你的财务人员将各种数据熟记脑中。财务报告对于任何公司而言都是数字方面的命脉，无论这家公司是何种规模。市场营销也是如此，用你的书面文件勾画出你的计划。也许有人离开，也许有新人加入，也许你记忆衰退，也许有事情使得改变充满压力，这份书面计划中的信息会始终如一地提醒你那些你曾经认同的事情。

（5）高层次反思

在日常喧闹的企业竞争中，你很难将注意力转向大局，特别是转向那些与日常运行并无直接关联的环节。你需要时不时地花上一些时间去对你的公司进行深入思考，例如公司是否满足了你和员工的期望，是否有地方还可以进行创新，你是否从你的产品、销售人员和市场中得到了你可以得到的一切等。制订营销计划的过程就是做如此高层次思考的最佳时间。因而，一些公司会给旗下最好的销售人员放假，让其他人也各自回到家中。一些人聚在当地的小旅馆中制订营销计划，远离电话和传真机可以让他们全身心地进行深入思考，为公司的当下绘制出最精确的草图。

理想情况下，在为近几年定下营销计划后，你可以坐下来按照年份顺序重读你的计划，并与公司的发展情况进行对照。诚然，有时很难为此腾出时间（因为有个讨人厌的现实世界需要全力以赴），但是这个过程可以帮你无比客观地了解这些年你究竟为企业做了些什么。

第 3 章

设计执行与管理
——设计营销的有效管理

·3.1 衡量设计的标准

　　设计师总是忙于建立客户的信赖度。其实，设计需要应对几乎生活中的所有问题，并且帮助企业创造与消费者之间良好的关系。因此，设计师理应受到尊重，并得到公正的评价。如果设计师善于运用商业的管理标准来衡量自己对客户的贡献，那么就不会陷入设计评价的困惑。然而，对于大多数设计师，尤其是平面设计师而言，衡量设计成功与否的确是一件十分困难的事情。相对而言，有一些设计类别比其他设计类别更容易量化，比如网站设计就可以依靠可用性测试的手段来衡量，而企业形象识别系统就几乎找不到量化的标准了。

　　评估设计价值的方法很多，主要用于研究与观察数量与质量这两方面因素。数量是可以客观计算的，而质量则相对主观，难以量化。衡量设计在数量方面的贡献，可以采用以下内容。

　　程序的改进

　　缩减总成本

　　缩减材料和减少浪费

　　用户交互

　　新市场的接纳程度

　　有关设计质量方面的评估，可以查看以下内容。

　　消费者满意度

　　品牌信誉

　　审美吸引力

　　功能的改进

　　许多国际性的设计组织，比如由国家扶植的三重底线英国设计委员会、丹麦设计中心，以及私人支持的美国设计管理学院（American-based Design Management Institute），一直以来都不断在设计价值方面从事深入的研究工作，并做了大量的研究报告。它们收集的设计数据与案例研究，并不仅仅局限于有关设计报酬方面的衡量。

　　无论是有形利益还是无形利益，最准确、高效和相关的设计衡量标准就是对企业或组织的评估。但是，几乎很难将设计与销售的业绩直接联系在一起，因此设计难以用销售数据完全化。现在许多大型企业逐渐将英国学者约翰埃·金顿（John Elkington）提出的有关企业责任的"三重底线"（the triple bottom line）理论作为判断设计的重要参考。对设计而言，三重底线是指设计最终的产出——产品或服务必须对社会、环境和经济负责。因此企业倾向于用这三个因素来衡量设计，并且整体地平衡评估方案。

设计理应肩负起监督与鼓励企业对社会和环境负责。通过告知、说服和激励的方式，设计师应获得消费者的想法，做客户想要完成的事情。如果设计目标满足三重底线的标准，并且增加了客户的利润，那么设计就发挥了自身的价值（如图3.1所示）。

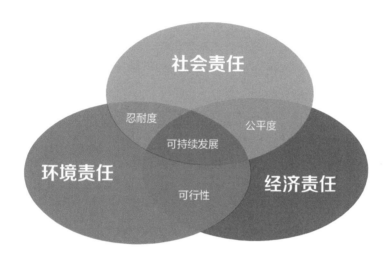

图3.1 三重底线

3.2 设计程序

3.2.1 设计的步骤与流程

设计师通常有一套自己的完成设计的步骤和流程，这来源于他们的实践经验。与任何客户合作，他们都会采用同样的方式和方法，以保证最终高质量的设计方案。尽管不同的设计师有各自对于设计流程的不同描述，但是本质是相似的。设计流程概括了从概念发展到最终设计方案的全过程。这仅仅是用于指导设计实践的理论模型，实践中应根据不同设计项目的需求来增删调整，以达到优化的目的；同时，它也是设计师和客户之间互相沟通与交流的参考依据（如图3.2所示）。

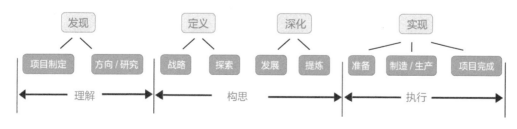

图3.2 设计流程

（1）项目制定

① 客户提出需求与项目目标；

② 客户评估项目并做初步的预算；

③ 客户制订初步的日程计划；

④ 如果可能，客户完成创意概要的草稿；

⑤ 客户寻找适合项目的设计师并联系他们；

⑥ 客户与设计师会面，就设计项目达成初步共识；

⑦ 客户提交项目委托书（RFP）；

⑧ 设计师确认设计项目，并提出相应看法；

⑨ 客户接受建议，并确认设计师；

⑩ 通常客户会根据设计师的要求提供项目的预付款。

本阶段的目标是：

① 根据需求制定项目内容；

② 选择设计师。

（2）方向/研究

① 客户提供项目相关的背景信息和资料；

② 设计师引导客户共同完成创意概要；

③ 客户与设计师对项目需求进行研究，包括：

竞争对手分析

目标用户

市场研究

设计研究

研究方法，包括：

观察法

采访

问卷调查

统计法

④ 客户与设计师确认所有技术或功能需求；

⑤ 客户与设计师确认需求分析的研究结果，将设计问题具体化。

本阶段的目标是：

① 清晰的目标和意图；

② 确认机会；

③ 设定广泛的需求。

（3）战略

① 设计师对收集到的信息和研究结论进行分析和整合；

② 设计师制定设计标准；

③ 设计师制定功能标准；

④ 设计师选择投放媒体；

⑤ 设计师向客户提供上述材料，客户补充、修改并确认；

⑥ 设计师制订并明确提出设计战略；

⑦ 设计师制订初步的实施计划，并使用导航图等视觉表现方法；

⑧ 设计师向客户提供上述材料，客户补充、修改并确认。

本阶段的目标是：

① 策略概要；

② 设计方法；

③ 确认项目的交付清单。

（4）构思

① 设计师根据客户确认后的设计战略来完成概念设计；

② 设计师的构思过程可以包括：

　草图／图示／手稿

　故事板

　流程图

　情景板／主题板

　外观和情感

　概念模型

③ 设计师向客户提供上述材料，客户补充、修改并确认；

④ 客户理解、分析概念方向以形成明确的项目目标；

⑤ 通常设计师会提供多个设计概念以供比较和选择，然后选择其中一组进一步提炼与深化。

本阶段的目标是：

① 构思设计概念；

② 深化概念。

（5）发展

① 设计师根据客户确认后的设计方向，深化设计概念；

② 随着概念的不断深入，对设计进一步详细展示，包括：

　设计打样

　动画演示

　主要页面及版式

模型

③ 展示中包含或通常包含：

复本／信息

图像

动画

声音

④ 设计师向客户提供上述材料，客户补充、修改并确认；

⑤ 客户理解、分析概念方向以形成明确的项目目的与目标；

⑥ 通常客户会选择一个方案，然后由设计师继续深化。

本阶段的目标是：

① 深化概念；

② 选择一个设计方向。

（6）提炼

① 设计师根据客户确认后的设计方案，进一步提炼设计；

② 通常需要修改的方面为：

是否符合客户的需求

次要部分是否自然

设计元素的应用是否恰到好处

③ 设计师向客户提供上述材料，客户补充、修改并确认；

④ 可能需要对设计进行测试，测试后可能会引发新一轮的设计修改和提炼，测试的
方法包括：

验证

可用性测试

设计师给客户提供额外的设计方案来进行比较

⑤ 设计师召集与组织产品预生产会议，可能涉及的与会人员包括：
印刷工、装配工、制造商、摄影师、插画师、音效师、程序员。

本阶段的目标是：

通过最终的设计方案。

（7）准备

设计师根据通过的最终设计方案着手实现设计。不同的投放媒体包含相应的关键因
素，具体如下。

印刷品：排版、印刷技术、文本格式、制版、后期装订

网页：网站构架、操作流程、页面内容、页面格式、平面元素、程序、测试

视频：脚本、动画制作、拍摄现场指导、编辑、后期制作、制片

环境：规格、最终效果、3D 数码空间模型、生产准备、管理技术团队

包装：高分辨率文档、尺寸与规格、色彩矫正、结构

本阶段的目标是：

① 最终生产；

② 生产的材料。

（8）制造／生产

① 根据项目和投放媒体的需要，设计师会将产品的数据资料交给其他专业人士处理。尽管这些专业人士有责任根据生产要求严格制造和批量生产，但是设计师也有义务监督其工作。这些专业人士包括：

分拣工／印刷工

装配工／制造商

工程师／程序员

媒体

广播／无线电广播

网络／现场直播

② 上述人员及工作可能由设计师监督与管理，也可能由客户直接管理；

③ 潜在的维护工作，特别是网页的维护，可能是项目的一部分，但也可能作为另外一个独立的项目。

本阶段的目标是：

① 设计材料；

② 制造完成并投入使用。

（9）项目完成

① 设计师和客户听取项目报告并回顾：

项目流程

完成结果：成功或失败

反馈

额外的生意机会

② 设计师完成项目档案，同时还要及时记录项目执行过程中的细节，将这些作为项目总结和自我学习与提升的工具；

③ 设计师提交所有项目资料，项目完结；

④ 客户将剩余的委托费用交付给设计师。

本阶段的目标是：

① 建立客户与设计师之间的联系；

② 设计师的自我推销；

③ 开始新的项目。

3.2.2 设计流程中对工作影响最大的几个方面

（1）沟通

沟通贯穿于整个设计流程，及时而高效的沟通与知识分享必不可少；相反，片面而懈怠的沟通会阻碍设计的持续推进。

（2）工作

在庞大而复杂的设计项目中，重要的工作往往需要反复推敲与检验，而相对简单的设计项目可以适当合并，甚至省略不重要的步骤。

（3）时间

压缩工作时间会导致设计师无法充分设计而丢失重要的细节；充裕的工作时间使设计师能够更加精确和完善每个阶段。

（4）预算

有限的预算等同于简化工作。充裕的预算适合周期更长、更为复杂的项目，从而满足更多项目需求。

（5）投放媒体

平面广告和视频广告的投放媒体不仅影响设计流程，而且选择不同的传播媒体意味着与不同类型的客户合作。

因此，对设计流程的管理意味着在设计的每个阶段尽可能地支持设计师完成令人满意的设计方案。

· 3.3 研究与设计

3.3.1 设计前的研究

几乎所有优秀的设计都会受到相关研究的启发。研究的范畴涵盖了与设计相关的领域和语境中人类、文化、技术、情感认知方面的因素。然而，并非所有研究与设计的作用都是正向的，有些研究的结论不但误导设计，还会妨碍概念的构思。

大多数设计师会在设计的不同阶段收到来自他们客户提供的相关研究报告或研究结论，这些报告通常来自客户公司内部的市场研究部门。企业花费大量的时间和金钱获取这些研究信息，希望设计师能够从中获得启发并加以应用。有些研究报告令人意想不到，让设计师受益匪浅；有些则令人匪夷所思，甚至毫无用处。有时候，设计师在仔细阅读研究报告后得到了与研究专家截然相反的结论。究其原因，就在于看待问题的角度。设计师对于问题的认识往往有别于其他领域的专家。其实，设计师非常重视研究为设计带来的启发和动力，特别是当他们亲自进行研究和分析的时候，付出的努力甚至比他们的客户多得多。

在设计师与客户之间经常会发生争论，那就是在设计项目中究竟选择哪种研究方法。其实，不同的研究方法有各自的优势，依据是设计项目的语境。就像语境与设计的紧密联系，语境对于提升设计的研究有至关重要的作用。多年以来，有如下研究方法被人们使用。

3.3.1.1 传统市场研究

广义上认为市场研究就是通过各种方法收集与消费者有关的信息和数据。传统市场研究的方法通常包括：

（1）人口统计学方法

收集并统计反映目标人群的状态、分层和市场变化方面的数据。

（2）焦点小组

通过座谈会的形式引导目标群体讨论，获取他们对相关问题的观点和反馈。

（3）消费心理学

一种评估目标群体主观认知、观点和心理倾向的方法，设法找到人们这样做的原因。

3.3.1.2 民族志研究

民族志是一种植根于人类学的研究方法，旨在通过实地考察找出不同文化与人类行为之间的关系。研究范围涉及个体与群体的观点，这些研究会观察并且描述人们的思维、行为和活动。民族志的研究方法通常包括：

在没有与人们交流并且向他们提问的情况下，客观地观察并记录他们的行为。

视觉人类学允许经过训练的研究者亲自通过拍照或录像的方式记录并分析目标群体，从而获得目标群体的相关研究结论。

照片民族学要求让目标群体用照片或视频的方式再现自己的生活，展示自己的喜好和行为特征。

3.3.1.3 用户体验研究

用户体验研究主要是衡量产品或服务是否满足终端用户的需求。用户体验研究也称"用户测试"或"可用性测试"，通常由研究者直接观察用户的行为。常见方法包括：

通过观察研究法分析并记录用户使用产品或享用服务的过程。这种方法经常用于设计概念的验证和产品的改造测试。

通过网站分析收集网站流量报告，包括点击率、浏览轨迹等数据统计，以便衡量网站的可用性，以及用户与网站的交互状况。

角色模型是指为了研究产品或服务的交互设计而虚构的用户。这是一种理论分析方法，通过完善的角色模型检测用户的动机、习惯和期望等。

3.3.1.4 经典设计研究

在大多数情况下，由设计师亲自完成大部分的信息收集与分析工作，通过视觉的方式呈现，并加入设计主观的分析。通常包括：

（1）视觉诊断

以图文并茂的形式对委托客户与竞争公司的产品与服务进行对比与分析，其中包括相关的设计资料，观察的结果往往就是拍照。

（2）原型测试

对设计模型或原型产品进行反复而深入的测试，发现设计中存在的不足并加以改造。

（3）亲自参与

设计师亲自体验产品或者服务的全过程，以用户的身份记录并分析。

3.3.1.5 混合研究

兼具客观与主观的研究方法，包括定性与定量分析、田野调查、测试研究等。从以上提出的方法中提取适合的方法，综合分析与研究。

3.3.2 研究后的设计

设计研究的深度与广度受到许多因素的影响。设计师对于设计研究的理解决定了最终设计的优劣。

3.3.2.1 研究的方法

以下的研究方法可以任选其一。

（1）定量研究

主要衡量客观的数量或事实数据等。

（2）定性研究

主要是对主观态度，比如想法、感觉、动机以及其他任何与人的品质有关的描述。

此外，研究还可以被分为：

第一手的研究资料，指直接获取的数据，亦表示直接受到客户的委托。

第二手的研究资料，指间接获得的信息，从大量现存的资源中研究分析。

设计师使用任何全部的研究形式还是选择其一，这完全取决于他们的个人经验，以及他们是否学习过相关的研究知识。在设计项目的最初阶段，设计师都会自己做一些简单的研究，包括客户品牌与历史、尝试购买或使用他们的产品或服务，以及看看竞争对手都在做什么。

3.3.2.2 视觉化研究

利用图标、各种数据柱状图和饼状图等让客户和设计师更好地理解相关的数据与信息。通过视觉化的呈现，所有的数据和信息变得一目了然，很容易被发现哪些是有用的，而哪些是无效的。

3.3.2.3　研究的意义

研究的意义在于优化设计，给予设计最大的支持。通过研究，客户和设计师可以理解及确认如下要点。

实际问题

真实目标

环境因素

目标消费者 / 用户

购买决策

行为 / 使用方法

竞争对手

声音 / 视觉语言

以上这些关键要点可以帮助设计师整理思路，从而构思出最佳概念，并且改善设计流程。总之，对于推进设计的深化和寻找最佳设计解决方案研究起着至关重要的作用。完善而有效的研究可以用来筛选设计概念，纠正设计中简单的错误。

·3.4　设计思维

设计思维已成为流行词汇的一部分，还可以更广泛地应用于描述某种独特的"在行动中进行创意思考"的方式，在21世纪的教育及训导领域中有着越来越大的影响。在这方面，它类似于系统思维，因其独特的理解和解决问题的方式而得到命名。

究竟什么是设计思维呢？设计思维是指在设计和规划领域，对定义不清的问题进行调查、获取多种资讯、分析各种因素，并设定解决方案的方法与处理过程。作为一种思维的方式，它被普遍认为具有综合处理能力的性质，能够理解问题产生的背景、能够催生洞察力及解决方法，并能够理性地分析和找出最合适的解决方案。美国顶尖级设计院校之一的普瑞特艺术学院（Pratt Institute）的客座教授维克多·隆巴尔迪（Victor Lombardi）曾经这样解释"设计思维"，概要如下。

（1）合作

与其他具有不同技能的人达成共识并合作，将任务完成得更为出色。

（2）引导

以全新的方式或更加适合的设计方案来解决问题。

（3）试验

通过假设，建立模型并且反复测试以获得最佳的设计。

（4）个人

对于任何问题都要考虑到个体的特征与差异化。

（5）整合

思考并创造完整的系统。

（6）解释

将任何问题具体化，分析可能的解决方案。

► ［案例］　特斯拉的成功思维：让大众激动起来

特斯拉的成功，不仅仅是在电动车上。正如创始人埃隆·马斯克所说："如果能够让大众激动起来，生意已经成功了一半（如图3.3所示）。"

"本源、通道、元问题、根技术"，特斯拉汽车创始人埃隆·马斯克（Elon Musk）独特的思维模式值得中国企业家效仿。它比简单模仿特斯拉汽车（Tesla）的商业模式更重要。

之前，硅谷只有克拉克（Jim Clark）连续成功创业三家市值10亿美元的企业：网景、硅谷图文、医疗网（Healtheon）。现在，马斯克的特斯拉汽车、太阳城（SolarCity）和Paypal都各自拥有超过10亿美元的市值。其中特斯拉汽车的市值在250亿美元上下波动，约达通用汽车市值的一半。

科技创业远非以公司的市值论英雄。即使乔布斯在世，今天的马斯克也能在硅谷的创业和创新榜上名列第一。马斯克获得商业和科技界的一致好评，因为他跨界三大行业，金融、航天和汽车交通、能源，而且每跨必有颠覆效果。这样的影响，苹果的乔布斯也不能望其项背。

随着特斯拉电动汽车在上海和北京展出，讨论它的电动设计居多，但剖析背后思维方式的极少。买椟还珠，千万不要忽视和浪费马斯克的思维方式。

（1）特斯拉的跨越策略

就像丰田汽车背后是"丰田生产系统"一样，特斯拉汽车代表着一种新型的"交通移动系统"，从生产流程设计到消费模式。

经过10~20年的时间，它将替代现在油动车的产业结构。

在北加州，为特斯拉提供配件的锂电池生产厂即将成为全球最大的电动汽车电池生产基地。到2020年，它要为年生产大约50万辆的电动车厂商提供配件。50万不是大数字，但是考虑到特斯拉已经在为宝马、奔驰、克莱斯勒、丰田等企业提供动力零件和电池，我们看到马斯克的目标不仅仅为特斯拉电动车，还在于尽快促生电动车产业全面兴盛。在他看来，20年后，至少美国的新轿车都将为全电动或油电混合车。特斯拉要扮演产业的"触媒"和成全者的角色。

特斯拉的另一个策略在于推动供应链透明化和本土化，包括：

① 不买战乱地区的"血矿"。例如，它舍弃刚果，

图3.3　特斯拉汽车

而从菲律宾采购钴矿原料。

②做本土化、环保、爱国的好企业。例如，它的电池大量使用低污染的人造石墨，或者爱达荷州的石墨矿材。这些"政治正确"的做法让它获得美国政府的政策和贷款支持（4.5亿美元），并建构起较高的进入门槛。

颠覆消费模式，是又一制胜关键。它用直销的方式卖车，在美国已经建立34个直销点。它的电动汽车不需要日常维修，只要做年检和保养。特斯拉还保证二手车的价值，提供回购选择。在已经建立的充电站，驾驶者可以选择免费充电，或付费调换电池。车内17英寸的互联网可触屏上能显示导航，以及充电站的分布。对目前的车型，特斯拉提供免费上门调换"问题"汽车。它细腻地消除购买者对一个新产品的各种风险疑虑，降低购买决策的门槛。

看过摩尔（Geoffrey Moore）《跨越大裂谷》（Cross the Chasm）一书的都明白，特斯拉正在用高科技产品的跨越策略营销电动汽车。

（2）"本源、元问题、通道、根技术"

特斯拉电动车只代表马斯克独特思维模式的冰山一角。从金融创新的"网银"到航天火箭项目"SpaceX"，看似"隔行如隔山"的创业，背后的思维方式却完全一样。通过档案研究，笔者把马斯克的思维模式总结如下。

①本源思维，用"第一原则"的方法找创业的领域。"哪个领域是人类社会活动最频繁的？""哪种技术人类有最长久的使用历史，却最缓慢的进化速度？""什么样的生产模式和消费模式会让经济和社会走向生存危机？"它们代表马斯克的"第一原则"思维方式。他认为，任何事物现象都有第一原则，抓住了，一切迎刃而解。在上述问题的引导下，他很早就关注金融、交通、能源三大领域。现在的创业，都是从"第一原则"的问题衍生出来的。

②元问题思维，问对问题，随后一切释然。商业成功是不是创业的目的？不是！用实践弄明白一个重要的可能性是创业的目的！因此，特斯拉电动汽车是以失败为其中一个目的的。那时，他刚刚把"网银"卖了个好价钱，便拿出一半做特斯拉项目。在他看来，有资源承受失败的条件下，商业成功并不比搞明白一个可能性更重要。

③找出产品内含的"根"技术，然后做优化设计。受应用物理的训练影响，马斯克习惯思考产品内在的基础技术的"根"。例如，特斯拉早期模仿油动力车的技术框架。后来发现，许多机械技术的刚性要求在电动汽车框架下可以柔性改变。这样，汽车变速箱完全可以简化。其间，马斯克还借鉴核试验中的光子技术原理到锂电池的设计中。跨界嫁接基础技术原理，往往对产品设计产生"核聚变"的效果。又如，对火箭发射技术，马斯克采取同样的刨根问底的思维方法。他发现，火箭的材料成本低于20%，贵在使用的思维。在组合和使用的技术上下功夫，10年内，SpaceX的火箭发射成本将能做到美国太空总署的1%。

④"迈入理想未来的通道"思维。马斯克相信，技术应该让未来更值得梦想。一旦筑就通往"商业乌托邦"的渠道，市场的洪流就会滚滚而来。他的PayPal、电动汽车、太阳城、第五交通工具（hyperloop）、垂直起降、可回收火箭发射，每个生意都代表那个产业的新通道。辅助"通道"思维的还有马斯克"令人心动"的价值营销能力。他总是找一个通俗比喻来体现他的"通道"产品所代表的"令人心动"的价值。例如，为克服消费者对充电过程的陌生和顾虑，他让一辆特斯拉电动车和一辆奥迪平行展示"充电"和"加油"的过程。在充电站"换电池"需要92秒，两辆车的电池都换好了，奥迪车才刚加满油。又如，马斯克用加州的平均房产（50万美元）做比喻，解释20年后，去火星定居的成本也不过如此，卖了房子就可以去火星生活了。

"如果能够让大众激动起来，生意已经成功了一半。"马斯克告诉年轻的追随者。这也许才是他真正的成功秘诀。

· 3.5　设计战略

3.5.1　什么是设计战略

从广义上说，战略被人们解释为如何达成目标的计划。战略一词经常被人们使用在军事、政治、经济领域，以及商业计划中。在商业活动中，战略是连接策略（行动的计划）与手段（具体的方法）的桥梁。现代商业策略之父，管理学教授乔治斯坦纳（George Steiner）在1979年出版的《战略规划》（Strategic Planning）一书中，将"战略"描述为应对竞争对手现阶段与未来行为的商业手段。斯坦纳对战略的定义概括如下。

企业顶层管理组织的重要性

目标与任务是组织发展根本的、方向性的决策

包含具体而详细的行动方针

回答了"组织应该做什么？"的问题

回答了"目标是什么，如何实现？"的问题

设计战略是关于设计整合与规划兼顾理论与实践的法则。设计战略一方面需要符合企业整体的战略，另一方面则作为设计的指导原则。然而，大多数设计师认为"战略"或"设计战略"包括如下内容。

解决客户问题的计划

如何使用设计元素来满足客户的目标

设计方案的实施原则

设计背后的指导思想

如何把品牌愿景转化为设计方案

如何达成目标的创新性决策

如何在竞争环境中定位客户

筛选并提炼设计方案

如何在有限的条件下使用设计创新

如何在设计中平衡社会责任、文化、技术、消费者需求以及设计中的其他因素

有些企业客户高度重视战略的规划，严格制定并且执行。尤其对于大型企业而言，如果没有客观而完善的战略规划，将无法正常运转。小型企业的战略规划则相对灵活，它们会根据企业的发展不断补充与完善。总之，战略是企业的导航仪，对设计起着至关重要的决定性作用。

在《哈佛商业评论》（Harvard Business Review）中，迈克尔·波特（Michael

Porter）教授认为竞争战略的本质是"差异化"并且是设计的核心焦点之一。他坚持认为竞争战略意味着使用差异化的策略与手段传递出独特的企业价值。战略可以根据企业自身的特征，制定符合企业发展的具有差异化的优势方案。因此，相对于企业的竞争对手，企业要么拥有自己独特的定位，要么在相同的定位下使用不同的执行方案。差异化战略决定着设计的方向，最终将转化为设计的动力。当设计师为客户制定设计策略的时候，往往会主动采用差异化的设计原则，从而设计出独一无二的产品。设计师喜欢反问自己：我的设计方案是否与众不同？是否能够吸引消费者的眼球？战略决定设计的方向，是设计师行动的指导原则。

3.5.2 设计战略的制定与执行

设计战略的制定、执行与贯彻的基础是清晰而明确的计划。随着战略的不断推进，计划需要相应地做出评估与调整。设计战略的制定与执行，从回顾目标任务到审视影响设计的因素，都具有严谨的逻辑性。当设计师接受任务后，往往会构建行动计划以应对挑战。接下来设计师会展开设计，并且保证符合客户预算、参与人员和投放媒体的要求。设计师需要不断地回顾，查看设计战略是否按照最初制订的计划来推进；同时，设计战略也需要不断地提炼和贯彻执行。如果适用的话，该设计战略还可以被复制使用到其他设计项目中去。如果客户与设计师都严格遵守并执行设计战略，那么设计战略就会发挥最大效率（如图3.4所示）。

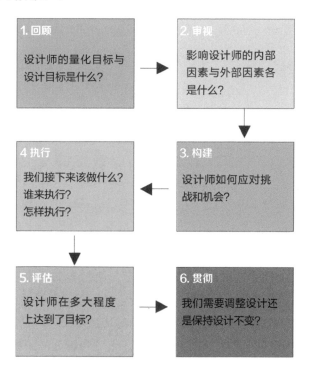

图3.4 设计战略的制定与执行

如果没有严谨而完善的设计战略，必然会导致工作的消极怠慢。仓促、无计划的设计只顾及客户眼前的需求，而缺少对于未来的思考。导致最终的结果就是客户的品牌与产品一直缺乏统一的视觉形象。如果缺少计划和严谨而周密的思考，最终则很难衡量设计的价值以及投资的回报。

· 3.6 设计项目管理

3.6.1 项目管理概述

在有些情况下，设计师虽然承接了一个特别好的项目，为最令人满意的客户服务，预算也非常充裕，结果却只能维持收支平衡，甚至赔钱。设计师之所以会亏损，主要原因在于整个设计过程中团队管理混乱，更糟的是客户可能会不受控制。由此可见，项目管理不善可能会将一个绝佳的机会变成一场噩梦。

良好的项目管理会对以下方面产生有利影响。

创造力

质量

关系

工作流程

时间表

成本（酬劳和开销）

盈利

简单来说，项目管理可以影响到设计项目中的每一个人。持续而良好的管理对于设计项目和设计师能否盈利都至关重要。就短期而言，这可以使项目过程更令人愉悦，并且能够带来更多的收益。从长远来看，良好的项目管理意味着设计实践的完善和回报。

因此，我们有必要花时间和精力来学习项目管理中最成功的经验，采用经实践证明行之有效的工具，全面实施一些项目管理的计划。项目管理的良好效果可以在项目盈利性、客户和设计团队的满意度上体现出来。

项目管理起源于多任务并行、多人员参与、以时间表为驱动的建筑行业。20 世纪 50 年代以前，早期的项目管理理论和实践均来自于建筑与制造业，当时 DuPont 公司和 Lockheed 集团在项目管理方面积累了领先的经验。1969 年，美国项目管理学会（Project Management Institute，PMI）成立。到了 20 世纪 70 年代，项目管理的工具和技巧主要受到新生软件行业的影响。1981 年，PMI 出版了《项目管理知识体系指南》（A Guide to the Project Management Body of Knowledge）。它通常被人们简称为《PMBOK 指南》

（PMBOK Guide），实质上被人们奉为项目管理领域的圣经。而在当今时代，专业项目管理理论正受到设计以及设计流程的影响。因此，很多人认为我们正在迈入一个新的时代。

如今，项目管理已经经历了从砖瓦泥浆到数字化的转变，并且直接进入了设计师的工作领域。但这是不是意味着你要立刻买一本《PMBOK指南》才能经营好你的设计公司呢？答案或许是否定的。PMI秉承的程序和方法需要大量的工作，而对于大多数设计师来说，这些投入或许只能带来微小的回报。因此，我们应该研究的是平面设计师与工业设计师已经采用的项目管理程序，通过业界专业的项目管理经验对它们进行优化，以此为基础形成我们自己的理论，并且应用于平面设计项目管理。

3.6.2 项目的影响因素

传统意义上的项目管理主要围绕三个因素：成本、时间和工作范围。这三个因素之间的关系通常被形容为一个三角形，而有些人会把"质量"作为影响以上三个因素的统一主题，并把它放在这个三角形的中央位置。不过，由于商业项目必须准时交付，而且其成本和工作范围不能超过预定计划，同时还要满足客户与设计师的质量预期，因此这种限制关系被一些人描绘成钻石的形状，其中"质量"是四个顶点中的一点。无论你采用何种关系模式，成本、时间、工作范围和质量都是项目管理中影响所有工作的主要因素。

如果将这个概念再推进一步，设计项目管理的限制因素可以被简绘成一个包含时间、成本和工作范围几个细分内容的更加复杂的三角形图表（如图3.5所示）。

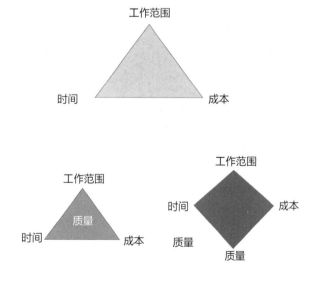

图3.5 传统项目管理的三角及三角变体图

时间管理是至关重要的。良好的时间管理意味着每个环节都在时间表规定的特定期限内完成，并且在每个阶段完成之后通过报告的形式汇报工作的进展。

成本管理包括已经与客户达成共识的为设计服务所做的成本整体预算，其中也包括打印等设计服务之外的费用预算。另外，设计师必须适当地掌控自己的资源，确保将适合的人员、设备和材料投入到设计方案中去。

工作范围从概念上来看有些复杂，但是在这个方面，设计师应该注意两个问题：一是产品范围，或者说设计师所交付的设计服务的整体质量，这些信息都应该体现在创意纲要中；二是项目范围，或者说工作所涉及的范围，也就是为了使交付的设计成果达到预期标准所要付出的努力。这些工作在每个环节每个阶段都要进行衡量，设计师必须意识到这些因素，以确保项目的平衡并保证项目顺利地推进。

每个设计任务都需要由设计师、客户和与之相关的团队通过合作来完成，这就需要一个独一无二的短期管理结构来对这个过程进行管理。虽然设计师可以影响设计项目中具体的因素，但多数设计师并不能真正地控制它们。一般情况下，设计师都是在客户设定的参数范围内进行工作的。另外，时间表、预算计划和至少一部分设计项目的人选通常都是由客户决定的。与此同时，沟通目标、受众需求以及品牌框架等因素都会影响设计的进程，因此也都需要进行管理（如图3.6所示）。

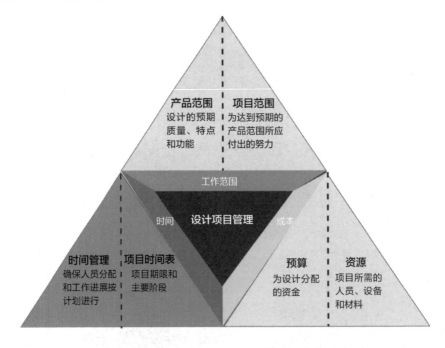

图3.6　设计项目管理限制因素的三角详解图

3.6.3　项目管理流程

估算的东西永远都不可能完美，而且创意的产生也很难用精确的时间表来衡量。但是在商业社会，时间就是金钱，设计师必须按时交付自己的创意，然后才能接受下一个工作的委托。如果不能及时交付作品，他们的收入就可能低于行业的最低标准，甚至可能赔钱。实际上，他们可能并不缺乏资金充足的客户和众多的工作项目。也就是说，如果缺乏良好的管理，设计师的工作将很难进行下去。

处理设计项目管理的最佳方式是什么？本书中列举了许多成功的设计实践经验。从某种程度上说，这些富有价值的商业运作的细节会比较沉闷。相比之下，作为设计工作中心环节的创意挑战则更令人兴奋。但遗憾的是，在整个设计项目中，设计创意所占的时间比例并不超过 50%，更多的时间都花在技术、沟通、管理、文书工作和账单整理这些名目繁多的事务性工作上。事实上，一个设计机构或者一个设计项目的成败往往就取决于这些事务性的工作。

一个设计项目的执行包含了诸多设计流程，每个流程的阶段又分解为若干步骤，其中还包括了各阶段必须完成的一些更加细微的阶段性工作。每个阶段的工作都会影响到项目的时间、成本和工作范围。因此，每一项工作都需要有适当的定义、资源的分配、时间的分配和恰当的管理（如图 3.7 所示）。

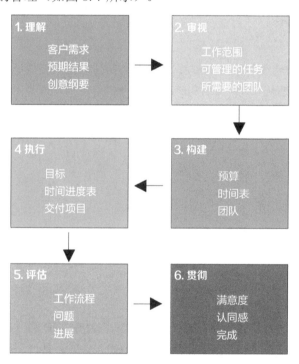

图3.7 设计项目管理流程图

上图描述了设计项目管理流程的众多步骤。无论是大型的设计项目还是小型的设计项目，都需要有人从始至终地管理项目的方方面面。

3.6.4 设计项目管理提升创造力

设计师们在艺术院校求学的时候，学习的重点是如何提升创造力，以及如何以新鲜的方式来使用图形元素传递特定的信息。有些设计师在校期间注意以更高效的方式完成老师布置的作业，并学到了一些组织管理技巧，使自己的工作更为有效。但不少设计师对此从未留心。

良好的工作习惯对于能否交付使客户满意的设计至关重要。周到地安排好项目的各个方面，能使设计师冷静、自信，从而发挥出最佳水平。

良好的项目管理可以提升设计师的创造力，因为它能使设计师：

与客户建立更友好的关系

确保项目过程中不会产生误解

明确项目目标和交付事项

提供有效而具有战略意义的信息

设立工作中不同环节的时间表

帮助整个团队营造一种更愉悦的工作氛围

提供达成目标所需的预算

建立一个审查反馈机制

对于标志性的重大活动进行描述

做出更明智的决策

努力与客户共同建立一种互信互助的关系

通过支持专业的直觉性来推进双方的互相尊重

将问题消灭在萌芽状态

所有的这些因素都有助于设计师在最佳的环境下提供最好的想法与作品，同时还可以营造一种专业竞争的氛围。在这样的氛围中，设计师以专业人士的身份赢得客户长久的信任。

· 3.7　设计团队的组建

3.7.1　团队构成

一般来说，一个项目都有一个核心的设计团队，且由具有创意方面专长和客户方面专长的人才所组成。在很多情况下，大量的设计师会参与进来，一些发挥创意的作用，另外一些则负责完成和制作作品。另外，具有特殊技术的人员也可能被纳入团队中，例如插图画家或者印务公司经理。当一家设计公司的规模逐步变大时，不仅它的设计团队会扩张，还需要增加行政人员来帮助运营整个公司。他们为公司提供财务和行政方面的服务，支持创意和客户服务部门的工作，帮助项目以及整个公司运行得更为顺利和通畅。

对任何设计团队来说，为了良好运行，每个成员都要认识到自己的表现会影响到整个团队解决问题、开发创意以及满足客户的能力。如果他们可以充分理解自己应该为项目做出哪些贡献，项目就能获得良好的结果。如果对任务的规定模糊不清，到了某一个任务时，团队成员可能会觉得那是别人的事。因此，糟糕的团队通常是由于沟通不善、合作环境不畅通造成的。

在最好的情况下，一家设计公司应该拥有三个领域的人才：创意、客户服务和运营。项目经理一般要处理这三个领域交叉的任务。其角色可以用以下图中三个领域交叉的白色三角形来表示（如图3.8所示）。

为团队选择正确的创意人员十分具有挑战性。如果仅仅拥有相关的经验和优秀的作品，并不意味着这个人一定就是最佳人选。在选择创意人员的时候，还需要考虑一些主观因素。

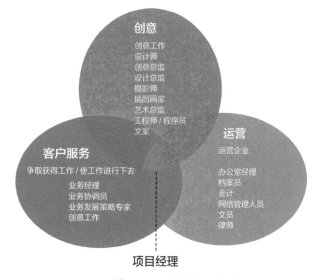

图3.8　工作描述和活动

① 化学反应，你是否喜欢这个人？

② 风格，这个人是否与团队合得来？

③ 态度，这个人的态度积极还是消极，愤世嫉俗还是热情乐观？

④ 设计敏感度，是否和我们的一样，或者有所不同？

⑤ 专业程度，这个人是否与团队成员一样紧张（放松）？

⑥ 幽默感，这个人是否有幽默感？（在高压的工作环境中，幽默感可以保持团队的耐性。）

⑦ 性情，他（她）是否能平衡气氛？我们是否能够与之和谐相处？

⑧ 速度，这个人适应快速的工作还是慢节奏的工作？他（她）采取什么样的工作方法？

除了上述与成员个性相关的因素外，设计团队还需要良好的技术和能力。从提出大概的创意到制作出具体的成品，设计项目就像一场"接力赛"。从启动到完成，内容专家、审美专家、技术专家依次接受项目。项目经理通常是唯一一个需要全程参与项目的人员，因为他（她）必须监督项目各个方面的进展（如图3.9所示）。

图3.9　设计团队工作流程

每个设计团队都需要有意识地提高团队合作的效果，其中包括以下几个方面。

① 可靠性；

② 合作性；

③ 知识分享。

团队成员相互之间以及团队成员对项目本身都负有责任。项目经理负责充当项目成员之间以及各个工作环节之间沟通的桥梁，帮助缩小成员之间因不同的性格、专长和工作方式带来的差异。

3.7.2　团队合作的责任

如果询问一个经验丰富的设计师，团队管理的奥秘是什么，他（她）会回答：找到合适的人为合适的客户做适合的工作。为了选择合适的人手，你必须准备良好的创意纲要、明确的工作范围和准确交付的事项清单。以上几项就绪之后，你就可以对项目所需工作有一个清楚的认识。然后配上适当的技能、性情以及才能（可能是最重要的因素），你就得到了一个完美的组合。最后的问题就是如何将这些人带入项目并开始工作。

在多数设计公司中，获得、估算和计划项目的人一般并不实际参与设计的执行。理想的情况是，客户服务和创意部门的负责人已经为项目制定出了参数和环节。接下来就能确定由哪些人员参与项目了。设计团队中的每个人都应该承担具体的角色和责任。当团队形成之后，项目经理应该对信息和人员配置进行审查并最终确定下来。如果团队成员是设计公司的员工，他（她）就应该有一个正式的工作描述。这样在项目开始之前，每个人都大概已经承担着一种角色，同时对项目也有一种潜在的责任。但在项目开始之前，团队成员在项目中的具体责任要与当事人进行详细的讨论才能确定。

组建团队的部分工作就是为项目做好计划，然后和团队成员进行沟通，帮助每个人了解这个计划。如果团队中有公司外部人员的加入，情况就会变得复杂，尤其是当这些成员的工作与团队的核心技能有交叉重复的时候。例如，尽管公司已经有好几位设计师，但应项目的需要又从外部聘请了一位设计师。并不是所有设计师的创造力都是相同的，有些设计师可能具备创意爆发力，另外一些则可以提供长久的支撑，这也是项目需要的。不管出于何种原因，设计项目团队有时候总会从外部补充新成员。

每个设计公司都不尽相同。有些公司只有很少或者根本没有等级设置，所有人都直接向企业主直接汇报，其他一些公司则可能设置多个级别以及职能分工明确的不同部门。这种级别的设置可能对公司日常运营有好处，却不一定就能在设计项目中发挥功能。例如在项目中，创意总监需要向项目经理负责，而项目经理的资历和薪资水平可能远远低于他（她）。创意总监委任项目经理向他（她）提供建议，实施已经达成一致的项目流程和参数，例如时间表和预算。但也有一些情况，公司的级别制度被严格应用到项目中来。这样如果一个资历较深的员工拒绝向项目经理汇报工作，那么项目经理的工作就很难开展。

团队发挥什么功能是品位和效率的问题。但是所有的团队成员都必须对团队的级别构成有清楚的认识，这样他们不但能够清楚自己的角色和责任，同时还能了解他人的任务。对团队成员来说，尤其重要的是，要明确知道由谁来审查和批准他们的工作。一个设计公司可以拥有一种自由协作的创意文化，设计师们相互支持、进行头脑风暴以及批评彼此的作品。但是，团队成员也必须清楚谁对设计拥有最终的决定权。

为团队配置人员时应该考虑的几个因素如下。

谁与这个客户合作过？

谁具有和类似客户或者项目合作的经验？

谁会为这个工作带来新鲜的视角？

会采用什么技术？谁拥有这种技术？

需要交付什么事项？采用何种交付媒介？

谁需要这个项目所能带来的突破或者挑战？

这个项目需要的创造力如何？很前沿还是很保守？

谁的风格和性情更适合这个项目？

我们需要一名全职人员还是一名兼职人员？

根据现在制定好的时间表，谁有空？

这个项目要求每个人工作多长时间？

3.7.3 设计团队的管理

为了将团队成员之间互助的责任形象地表示出来，其中一个方法就是制作 RACI 矩阵图，有时候也被称为责任分配矩阵（RAM）。图 3.10 展示了完成一个项目所需的各项任务、人员以及他们担任的具体角色。项目人员主要担任以下几种角色。

R.（参与方，Responsible）：谁来开展工作？

A.（责任人，Accountable）：谁来审批工作？

C.（顾问，Consulted）：谁来为工作提供意见或建议？

I.（被知会方，Informed）：谁会收到工作进度报告？

RACI 矩阵图样本					
第一阶段：标志设计 任务	客户	业务经理	创意总监	设计师	项目经理
启动会议	R	A	R	R	R
客户访谈	I	A	R	R	C
视觉审查	I	C	A	R	I
竞争环境	I	A	C	R	I
设计研究	I	C	A	R	I

R 参与方　　I 被知会方
A 责任人　　C 顾问

图 3.14　RACI 矩阵图样本

要让 RACI 矩阵图被高效使用，在每个任务中就只能分配一个人来做角色"A"（也就是说，只有一个人来接受问责）。但多个团队成员可以被分配为角色"R"，角色可以作为计划和沟通的工具，在项目的早期阶段可以发挥很大的作用。

·3.8 设计推销

设计师一个非常重要的任务是将头脑中构思的设计概念推销给自己的客户。成功与否一半取决于设计师的实力，而另一半在于设计的吸引力。其中，不可忽视推销之道的作用与影响。如果设计师无法将设计推销给客户或根本不懂得如何推销给客户，他们就无法获得客户的认同与赞成。下面是一些说服客户的窍门。

（1）营造良好的氛围

与客户会面时一定要准时，并且穿着讲究，以显示出自己对客户的尊重，从而给客户留下好印象。这样，客户在融洽的氛围里就能积极地倾听设计师演示的设计方案。

（2）总结背景

在会议的开始阶段回顾并总结为工作所做的研究和战略，以便客户了解当下设计的进展，并且避免客户对设计方案产生误解或违背之前的看法。

（3）给客户讲故事

简要地分析和解释概念是如何形成的。以故事的形式，介绍概念如何从客户的目标中演化出来，又怎样在具体的设计方案中体现为一个逻辑化的结论。

（4）使用相关的流行词汇

以客户的口吻，使用客户习惯并且常用的词汇与逻辑来解释与描述设计。例如，如果他们想要"处于支配地位"或者是想"重新来过"，告诉他们这项设计就是这样做的。

（5）清晰而准确的表达

在解释设计概念如何解决问题的时候，尽量使用清晰而且易记的定义与描述，以便客户把概念讲给其他重要的成员。

（6）适可而止

满怀信心地解释设计方案，注意在适当的时候停下来倾听客户的反馈。在说话之前认真地斟酌，避免客户产生心理防御。

▶ ［案例］senz° 设计雨伞的商业化

当 senz° 首次向大众介绍自己，便在 9 天内售罄了 1 万把设计雨伞。

在细分市场中活跃的雨伞品牌 senz° 提供的不仅仅是产品，更希望创造令人印象深刻的体验，令消费者常怀微笑。senz° 竭尽所能令顾客在方方面面感受到自己的特别，当消费者向 senz° 传送信息或从其他消费者那儿听说这个品牌时，他们会感到 senz° 的特别之处不仅仅局限于产品本身。

（1）与众不同的雨伞

senz° 的目标是设计"终极雨伞"，这把雨伞以解决人们所知道的任何可能造成雨伞损坏的问题为目标。比如大风天气里雨伞从里到外的翻转及破损问题，人们使用雨伞时可能存在的不便与不适，比如我们的眼睛偶尔会被雨伞的尖端戳到。另外，每年有 11 亿把传统圆形雨伞被制造和丢弃，而 senz° 希望能阻止这种疯狂情势。设计 senz° 雨伞时，设计师们彻底放弃了传统雨伞的设计思路，转而从不同的、更有趣的角度思考，有时甚至会思路发散联想到一架在人们头顶上飞翔的直升机。

即使如此，产品最后仍要考虑商业适应性与社会接受度——因为没有任何人能够接受自己头顶盘旋着一架直升机。senz° 的设计师最终设计出一款不对称雨伞，这种雨伞并非与传统雨伞毫不相干，但又确实足够不同。

产品设计方面的创新令人感到惊奇，因为全球消费者都很熟悉大风中的雨伞存在什么问题。一位使用 senz° 雨伞的妈妈在幼儿园外等待接走自己的女儿，与其他用传统圆形雨伞的妈妈相比，这位妈妈在那一刻感到自己比其他妈妈更好也更酷（如图 3.11 所示）。

（2）传媒力量

追溯品牌发展历史，senzo 的灵感源于传统雨伞的弊端。也许你对以下情境十分熟悉：雨伞碰伤眼睛，里侧外翻，限制视野范围以及无法有效地为后背遮雨。现代雨伞诞生于 3400 年前的古埃及，那已经是十分久远的事情；传统雨伞的缺陷也是有目共睹的，大家需要某种改变（如图 3.12 所示）。

senz° 的起点是在 2004 年秋季，senz° 的创始人格文·胡格多恩（Gerwin Hoogendoorn）毕业于工业设计工程专业，这个年轻人经历了一周内被吹断三把雨伞的悲惨遭遇后，对蹩脚糟糕的传统雨伞厌恶至极。他决定将他的专业所学运用到"终极雨伞"的设计中，创造一把可以解决所有蹩脚问题的雨伞（如图 3.13 所示）。

图 3.11　senz° 雨伞

图 3.12　普通雨伞

图 3.13　senz° 是一把可以解决所有蹩脚问题的雨伞

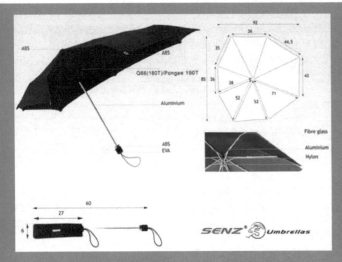

图 3.14　senz⁰ 尺寸图

图 3.15　各种图案的 senz⁰ 雨伞

格文开始为自己的毕业设计项目联系欧洲最大的雨伞品牌，这些品牌纷纷拒绝了他，这使格文一度担忧自己该如何发展雨伞设计，于是决定由个人来负担所需花费。在提出了一系列智慧解决方案后，格文对自己的雨伞项目变得更加狂热。

设计师们开始思考如何能够最好地把新伞的概念带到市场。他们制作了一个商业计划以及第一个产品原型——格文用祖母的缝纫机做出来的。设计师们像一片干净的绿草地般没有创业经验，他们租了一个小办公室用于办公，并命名为 senz⁰。他们希望，与传统雨伞相比 senz⁰ 能显得十分特别（如图 3.14、图 3.15 所示）。

2006 年 11 月，senz⁰ 成立一年后开始了市场推广，而最明显的问题是设计师们不知道该生产多少把雨伞。在预想中，1 万把应该就足够了。但结果是令人惊叹的，国际传媒以难以置信的方式报道 senz⁰ 设计师和他们的产品出现在世界各地的电视、电台、杂志、报纸和博客中。格文描述这种体验时用了"超现实"这样的词，9 天后，1 万把 senz⁰ 雨伞在网站上售罄。迄今为止，senz⁰ 仍然会收到许多令人印象深刻的反馈信息。

（3）持续创新

在进入市场的第一年，senz⁰ 幸运地赢得了世界上几乎所有的重要设计奖，比如德国红点设计奖、iF 设计奖（黄金奖）、美国 IDEA 设计大奖（黄金奖）、好设计奖、法国 Observeur 设计大奖（Star 奖）、荷兰设计奖等（如图 3.16 所示）。

senz⁰ 的业务已经遍及西欧、北美和亚洲。设计师们意识到小团队已经无法实现大梦想，便开始聘请最优秀的人才来组建 senz⁰ 大家庭。他们希望与自己的消费者保持紧密联系，因此邀请消费者们通过网站、Facebook 和 Twitter 了解他们并保持积极联系。

在品牌向世界顶级雨伞品牌发展的过程中，问题随之而来。品牌的管理者发现缔造一个品牌非一日之功，另一个重要的方面是如何持续产品的创新和发展，而 senz° 需要在相同的领域内持续创新。

市场营销方面，senz° 倾向使用分销商网络；随着品牌发展，他们在市场研究、消费者研究中投入精力，这个过程令他们从新的市场领域中学习到其他企业和设计师的经验。

目前的 senz° 拥有数名全职设计师，但事实上一个设计项目并不仅限于设计团队。所有的"部门"共有 20 人，他们在设计过程中扮演着相关角色。senz° 设计了一个非常整体的方法，这是他们发现的唯一可以保持需求速度和设计、满足市场需求的办法，公司里基本上超过一半的人员都在参与新产品开发。

图 3.16　senz° 的防风实验

第 4 章

用户价值的实现
——设计营销的驱动源泉

· 4.1 设计与消费者

人既有生物的个体属性，又有社会属性。人在社会中为了个人的生存和发展，必定需要一定的事物，如食物、衣服、交通工具等。这些必需的事物反映在个人的头脑中就成为需要。需要总是反映个体对内部环境或外部生活条件的某种需求，通常以意向、愿望、动机、兴趣等形式表现出来。

设计的出发点是满足人的需要，即问题在先，解决问题在后。人类要生存就必定会遇到各种各样的问题，就会有许多需求，而产品设计就是为满足某种需要所产生的。

4.1.1 设计对消费行为的影响

消费者通过对产品的感知获得产品知识，因而消费者的行为由他们对周围产品和服务的感知所决定。设计在营销中具有一种基础性的作用，原因如下。

① 设计创造的视觉差异被最终消费者感知。

② 产品的外形会影响消费者的行为。

菲利普·科特勒（Philip Kotler）曾用"创造氛围"（atmospherics）这个词来描述有意识地布置零售环境来提高消费热情的行为。零售环境设计（包括环境条件、空间布局以及符号和标识）对员工和消费者的情绪和身体都有影响。他们会接近什么，他们会避开什么，他们会如何相互作用，这些行为也受环境设计的影响。

霍尔布鲁克和赫斯切曼在其经典之作《消费体验观：情绪、幻想与娱乐》中指出：相比传统的理性功能型消费，感性体验型消费将走上舞台。消费者体验受到重视也促使消费者研究渐渐从信息处理程序的理性决策观点转移到关注消费者感情、梦幻以及娱乐的体验观点。尽管各种消费行为都能创造价值，但营销者应注意体验型消费中的3FS：幻想（Fantasy）、感觉（Feeling）、娱乐（Fun）。在这种消费行为中，消费过程成为具有独立价值标准的有价值的体验。典型的例子是：人们购买那些并不有益于身体健康，但是味道很好的食品与饮料。他们提出的这种"消费体验模型"（experiential model of consumption）提供了一个描述设计对消费者行为影响的总体理论框架。这个模型与当前流行的信息处理模型不同，信息处理模型（information processing model）是心理学的一个模型，把人的大脑看作接收、处理、储存信息的黑箱。"消费体验模型"增加了体验性的视角，比如消费的符号性、愉悦性和美学性。这种视角把消费体验看作消费者追求幻想感受和愉悦的过程。在这个扩大了的消费者行为模型中，消费者不是做决定而是参与一种体验。

"设计形态"（design-form）能够诱导消费者行为，并通过不同的感知和信息处理模式实现，进而转变为消费者的认知、情感、信息和联系。

4.1.1.1　设计用于认知

视知觉的基本规律首先是：视觉是瞬间的、有序的和重组的。当人阅读一份文件或一个计算机屏幕时，眼睛瞬间辨别亮度，并把那些最浓重的区域作为最重要的信息。然后，根据"完形"（gestalt）法则，尤其是接近法则（the law of proximity），重组那些接近的元素；最后，根据相似法则（the law of similarity），重组有相似的亮度、大小和形状特征的元素。

消费者对环境的认知预先决定了他情感上的反应。

① 形状诱导心理意象（mental imagery）。

② 形状被归类。

形状是一种被认知的事物。当看着某个物体时，脑海中通过自由结合和投射形成图片。一个形状可以唤起我们某段记忆、潜意识或信仰。在和环境交互的过程中，我们会构筑起一种个体的内在环境，而心理意象可以将我们带回这种环境中。

设计形态通过它的视觉意象激活心理意象。当竞争使产品在市场上很难同其他产品形成差异时，这显得尤为关键。对设计形态的感知具有如下三方面的作用。

① 可以影响消费者对产品和品牌、零售空间和业务的信任程度。

② 可以影响消费者对质量、寿命和价格的评估，从而使之倾向于购买价格较高的产品。

③ 可以从功能上和审美上影响消费者对信息的解读。设计形态正是消费者最先接触到的东西，消费者通过它才能体验和评估产品或概念，激活认知以及感官刺激。消费者通过知觉获得了解，这将影响他将来的知觉。

消费者对设计形态的反应由两种不同类型的信息处理过程决定：认知过程和偏好过程对个体消费者行为差异的研究起初是合并在对消费者语言反应的测量中。进一步的研究把这个测量扩展到包括对消费者视觉信息处理过程的整体观察。

视觉处理过程，尤其是心理意象，是一种获得信息的有力手段。心理意象是种内在的学习模式，每个消费者都有所不同，这些独特的心理意象可以通过清晰的语言或图形反应表现出来。

个体趋向于在视觉意象和语言描述两种信息处理过程中选择。

① 偏爱图像表现的个体倾向于运用更整体的信息处理方式（完形心理学家认为物体是作为整体被感知的，这可以支持整体信息处理过程）。

② 偏爱语言描述的个体倾向于运用更具分析性的信息处理方式（他对设计形态的反应是基于一个个元素的感知）。

个体想象力通过如下因素衡量。

① 意象鲜明性（ imagery vividness）：个体所能唤醒的心理意象的清晰度。

② 意象控制力（imagery control）：个体生成心理意象或对意象进行诸如旋转等特定操作的能力。

③ 意象风格性（imagerystyle）：更愿意运用形象还是语言。

认知心理学的另一方面是分类过程，每个设计形态都经过了分类。个体心理意象表明这一事实：每个个体都有一系列作为参考或"原形"的形态或物体。通过把新形态和对一类产品已掌握的信息进行比较，认知过程将其归到适合的产品分类。这种视觉规则描述了信息处理的认知模式。

这种类型投射（typecasting）或"典型性"（typicality）的方式，通常被定义为一个项目可以被用来代表某个类别的感知合适程度。家庭成员的相似是典型性的例子，可以通过对两个或多个物体属性相似程度的测量而发现。典型性与以下因素相关。

① 消费者评定物体时的熟悉度决定产品的典型性和态度。

② 消费者偏好：最典型的物体通常更有价值。

消费者对产品类别熟悉度（消费者体验产品的次数）和专业度（成功使用产品功能的能力）的侧重不同，形成其对产品类别的不同感知。

作为设计师，有必要了解以下内容。

① 设计师应该采用一种更主动而非偶然的方法来分类，通过制作针对目标消费者的原型来判断预想的分类是否成功。

② 假如是变革性的新产品，对它的分类可能是困难和令人困扰的。

③ 消费者更喜欢那些与现存产品有适当差别的产品。这种差异既要足够明显以保证被认知，又要使产品仍然能够被很好地归类。

④ 品牌是一种心理意象、一套结构化的知识和一系列的联想。

消费者通常乐于选择品牌产品。然而在某些情况下，非主流的设计由于多样性或特别性而更受欢迎。

最优设计策略从增加设计新颖性的老模式转向增加设计的和谐性、优雅性和对称性的理想模式。

4.1.1.2 设计表达情感

产品设计与正面影响和愉悦经历相关，目标是引导消费者在遇到产品时做出积极的而非消极的反应。这些反应可能是对整体形态做出，也可能与单独的设计元素有关。

对设计的情感反应的强度与所感知形态的本质因素相关，这包括强烈的关注和参与。

博恩德·斯密特提出的体验营销就是基于设计的这一功能。体验营销不同于传统方式，因为它将消费视为整体体验，将消费者视为既理性又感性的动物。

体验营销方式包括消费者体验的所有类型。

① 感觉（sense），感官体验。

② 感受（feel），唤起消费者的内心感受。

③ 思考（think），通过创造性地让消费者参与，活跃其思维。

④ 行动（act），通过向消费者展示众多行动方式，丰富其体验。

⑤ 联系（relate），创造将消费者与更宽泛的社会系统相联系的体验。

对情感的分类模型可以总结如下。

莫拉比安—罗素模型或 PAD 模型，包括愉悦度（Pleasure）、兴奋度（Arousal）和控制度（Dominance Control）三个维度。情感通过这三个轴分类：愉悦 / 悲伤、兴奋 / 麻木、主动 / 被动。例如，兴奋度上升的状态说明诸如新奇复杂的视觉图案等因素引起愉悦感。

罗伯特·普鲁奇科（Robert Plutchik）的八种基本情感分类（1980）恐惧、生气、愉快、悲伤、喜爱、讨厌、期望和惊奇。基于这个情感分类的研究分析了消费者体验可能的差异。例如，可以通过对设计环境特征的观察预测购买行为。有研究者批评了那些坚持认知成分起决定作用的观点（产品的价格、本土化程度、种类和质量）的研究。他们认为，消费者行为更是一种情感反应。消费者愉悦感会加强其与店员的交流，并增加购买的可能性。

在莫拉比安—罗素模型下的情感分类包括以下行为：吸引或排斥。对设计积极 / 消极的反应可导致对产品后续的亲近 / 疏远行为。具有积极心理反应的消费者会产生亲近行为，比如进一步地观察、倾听或触摸。

回避的行为是消极情感的流露。对产品形态积极 / 消极的反应越强烈，亲近 / 疏远倾向就越明显。

吸引行为表现为一种乐于留在零售环境的意愿，愿意浏览或触摸产品实物或包装。愉悦感和吸引行为之间存在相关性。如果消费者确实被产品吸引，就会在将产品带回家后持续其亲近行为，也会特意展示并且小心维护。

PAD 消费模式定义了新标准来衡量情感反应。

① 定性体验的内省过程是消费者讲述产品如何被销售以及他如何解释其消费体验。

② 消费者描述对设计形态产生的消极或积极的感受（就如在公共活动中呈现的那样）。

产品给消费者带来的愉悦感可源自与功能无关的美感。然而，同时具有美感和实用价值是常见的。最成功的产品会提供给消费者这两方面的利益。

其他研究也调查了与设计形态相关的情感影响，比如它所引起的视觉、听觉、嗅觉或触觉反应。光线和色彩是这类应用研究的常见主题。

① 光可以吸引消费者注意（Schewe，1988）并唤起购买冲动。零售商可以通过选择光照水平来影响消费者在商店停留的时间。

② 色彩可以引起生物学反应，唤起情感状态，吸引个体注意。根据产品类别的不同赋予不同的颜色，暖色和冷色会对品质与档次在知觉上产生不同的情感效果。

视觉引起的情绪被消费者有层次地存在记忆中。记忆的工作机制如同链式反应，从产品特征的视觉意象开始，会产生一系列消费者关于自我概念和对产品感知的联系。简单地说，产品是由于其对消费者的意义而被购买。

产品既是一种信息的认知过程（一种理性思考过程），也是一种信息的情感处理过程（一种感觉过程）。购买"理性"产品的动机是出于实用或理性的考虑。唤起感觉的产品能够表达情感价值。信息处理过程既是逻辑的、理性的和连续的，也是整体的和综合的。一方面，消费者注重性能、价格等有形属性；另一方面，也考虑自我表现、主观价值等无形属性。对产品的认识是"理性"产品最为重要的方面，而对消费者自身的认识对于感性的产品最重要。

此外，什么使产品完美（什么是"正确"的产品）？设计师会坚持诸如形态统一之类的原则。安德烈·福蒂认为价值和信仰体系与设计师的创新存在持续的相互影响。从深层次上说，设计师决定了生活的方式。但是好的产品不一定总能赢得设计大奖或成为其所在类别中的典范。它可能只是一件受特定人群喜爱的产品，或只是一件日常用品。适宜的产品反映了消费者孩童时期的体验，并根据消费者的个性而定制。换句话说，是"正适合我"（right for me）的产品。

[案例] 可口可乐：快乐从天而降

可口可乐 2014 年 5 月初开始联手新加坡奥美打造一项传递快乐的活动：各大工地上空飞来无数架装载着红色箱子的遥控飞机，带着可口可乐和鼓舞的话语从天而降，以慰问新加坡多达 2500 名建筑工人，为其鼓舞士气、重振精神并分享快乐。此次活动同时得到新加坡公益组织行善运动理事会的大力支持（如图 4.1 所示）。

以"快乐从天而降"为主题，这次活动力求架起新加坡人民与城市中庞大的外来务工人员之间不可或缺的桥梁。其中最大的务工人员团体由分别来自印度、中国、孟加拉国和缅甸的工人们组成。

奥美亚太区首席创意长钟顺兴表示："这是一个令人兴奋的项目，它涉及现代社会一个普遍存在的社会问题——外来打工者和当地居民之间的隔阂，这些务工人员感受不到真正的家。尤其是建筑工

图 4.1 可口可乐"快乐从天而降"活动

人，往往是'隐形的'，因为他们工作的地方一般人无法经常前往。为了感谢他们的付出，我们首先需要关注他们，这就是这段视频让我们做到的地方。"

"在可口可乐，把快乐传递给全世界视作我们的职责。所以当奥美把这个创新的理念带给我们，即用可口可乐和无人机来连接我们社会的两个部分，无须交流，就能分享非凡的幸福时刻，让我们忍不住想去尝试这个想法，"新加坡可口可乐的东盟区整合营销经理 Leonardo O'Grady 说，"同时，奥美也帮助我们与新加坡行善运动理事会实现了一个共同愿景——展示我们国家普通群众和他们对这些为了新加坡城市建设付出良多的外来工人的感谢。"

遥控飞机技术是一个全新的、创造性和出乎意料的方式，创造这个简单的传输系统，带

来的不仅是幸福快乐，还是连接两个完全不同的社会阶层——务工人员和当地社区的一个无形的桥梁（如图 4.2 所示）。

图 4.2　采用遥控飞机技术

4.1.1.3　设计传达信息

符号学（Semiotics）是研究符号系统的学问，最早是本世纪初由瑞士语言学家索绪尔（Sauaaure）、美国哲学家和实用主义哲学创始人皮尔士（Pierce）提出的。前者着重于符号在社会生活中的意义，与心理学联系；后者着重于符号的逻辑意义，与逻辑学联系。大约从 20 世纪 60 年代开始，符号学才作为一门学问得以被研究。现在符号学已经成为一项科学研究，其理论成果也已经渗透到其他诸多学科之中。

设计与符号学关系密切。设计这个词来源于拉丁文的 Designare，意思就是画记号。现在被普遍采用的英文 Design，也就是做记号的意思。研究和运用符号学的一些原理来帮助设计人员"做记号"，不能说不是从事设计人员的一条重要的途径。

消费者不仅是最终的产品接收者，也是生产者。消费者和生产者的双重身份使得消费者不再仅仅满足于自我需要的实现，而是试图通过创造符号表达自由的语意，设计正是关于如何吸引的符号学。符号是负载和传递信息的中介，是认识事物的一种简化手段，表现为有意义的代码和代码系统。当然，符号这一概念的外延相当广泛，设计中的符号作为一种非语言符号，与语言符号有许多共性，使得语意学对设计也有实际的指导作用。通常来说，可以把设计的元素和基本手段看作符号，通过对这些元素的加工与整合，实现传情达意的目的（如图 4.3 所示）。

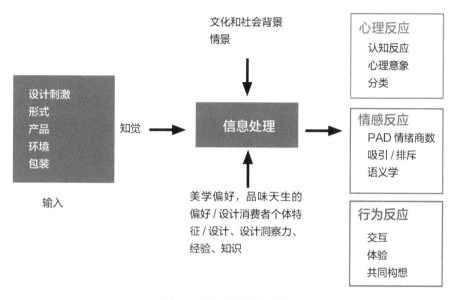

图 4.3 设计和消费行为

美国哲学家，现代"指号学"的创始人之一查尔斯·威廉·莫里斯在三个方面进行了操作层面上的符号科学的研究。

① 语形方面或符号本身产品所显现的样子，并可通过它的组成部分（结构、技术）对其进行描述。

② 语用方面或符号的解释：产品符合使用的逻辑（它的功能、用途）。

③ 语义方面或符号—产品关系：这个产品维度体现在"意义创建"（sense building）或两层次意义——产品外在理性意义和产品内在感性意义，例如形象（符号、品牌形象）。

把形态表示成为三角形结构或者三维度的符号，这是向非设计师讲授设计过程的本质最有力的概念工具。设计师所构思的符号都拥有三个方面：结构、功能和象征。从定义上来讲，设计过程是公司中代表这三方面的各部门间的联系，包括技术部门（结构）、营销部门（功能）和传达部门（象征）。

皮尔士使用词汇分析的工具，在符号学中发展了消费者与设计物互动的类型学。

（1）智力影响

对于刺激、好奇或知识和经验增长潜力程度的测量。

（2）情感影响

对于产品加强自我意识的程度的测量。

（3）社会影响

对于产品代表特定群体（政治、社会或宗教的）程度的测量。任何符号或形态均满足三个层次的逻辑。

物品的逻辑：物品自身的意义。它是否美观，是否易于接近，是否协调统一？

用户的逻辑：用户与物品关系的含义。用户为什么购买它？用户的需求是什么？

使用的逻辑：用户与周围事物关系的意义。物品在使用情景和环境中做什么？

法国的语义学派提出了一些操作性工具，具体如下。

（1）叙述图表的使用

比如，在对标志的研究中。

（2）语义方阵的使用

例如，提供一个大型超市的用户需求解释模型。

有关研究已经深入分析过包装设计对消费者行为的影响，并确立了一个"虚拟"的消费者符号分类。研究表明，消费者价值系统和他们对包装功能的理解具有相关性。

设计中符号的特性主要表现在以下四个方面。

（1）认知性

设计中，认知性是符号语言的生命。例如，我国几大银行的标志都采用中国古钱币作为基本型，这正是因为古钱币能够准确地传达金融机构这一信息，具有极强的认知性。如果一项设计作品不能为人认知，让人不知所云，那它就完全失去了意义。

（2）普遍性

现代设计是为大工业生产服务的，设计作品会在大众中广泛传播。设计的符号语言只有具备普遍性，才能为大众所接受。设计人员常常遇到这种情况，自己花了很多工夫做出的东西却不被客户接受，这时设计者也许会抱怨客户欣赏水平不够，其实有时客户比设计者更了解受众。设计者只有找出让自己、客户、消费者都能理解的设计语言，才能更好地完成设计任务。符号的普遍性这一特性，在许多公共场所的标牌设计中体现得尤为充分。如公共卫生间的男女标识，相信不论男女老幼、文化深浅，都能够清楚分辨。

（3）约束性

任何语言都只在一定范围内被理解，只有具备有关文化背景的人才能接受到该符号所传达的信息。只有符合特定背景的符号才能在这一范围内被接受。比如，德国招贴艺术大师冈特·兰堡（Gunter Ranbow）的作品中常出现土豆形象，不了解德国的人，可能看不懂作品所要表达的意思，只有知道土豆对于德国人的特殊意义，才能够明白设计者对土豆如此钟情的原因（如图4.4所示）。

图4.4　德国招贴艺术大师冈特·兰堡（Gunter Ranbow）的作品

（4）独特性

符号一般强调"求同"，这样才容易被理解。但是，在设计中"求异"常常是关键。因为比较形式和内容，前者绝对是更值得深究的。同样是针对一个主题，我们必须找出与之相关的尽可能多的表现形式，才能创作出与众不同的作品。

4.1.1.4　设计体现关系

产品是用于传达的工具，它"把消费者推上舞台"（put the consumer on stage），帮助他们以社会客体的方式存在。设计形态刺激了消费行为，形态中的社会符号特征是人们购买产品的主要原因。如果设计可以为消费者塑造他认为重要的自我形象的某些方面，他就会认为设计是重要的。

消费者并不是孤立地面对产品，而是与其他消费者在社会环境中发生交互作用。一些研究人员提出消费者的满意度与消费者在社会环境中与产品交互作用的质量密切相关。

"团队意识"（sense of community）是公司必须提供的，并会直接作用于消费者。当人们接受一项服务时，存在某种团队一体化仪式（ritual），这种一体化仪式是一种社会机制，对消费者能产生共同的情感或社会意义。

研究员乔·比特纳（Jo Bitner）表明物理环境对社会交往有重要影响，并建议在营销的"7P 模型"中除产品、定价、渠道、促销、人员、过程外增加新的变量——"有形展示"（physical evidences），来测量消费者在接受服务时的满意度。

在伯纳德·科法（Bernard Cova）的社会学模型中，"关系价值"（relational value）理论假定在后现代，产品或服务的全面价值不仅来自于其功能或符号价值，还来自于其社会价值。换言之，"联系"比产品本身更重要。

法国高等政治学院教授吕克·费里（Luc Ferry）认为，生活的美学化成为后现代社会的标志，并将"经济人"转型为"美学人"。美作为一种共同的情感被众人所理解，产品成了"朝拜物"。美学将新产品转化为社会革新，这种革新是社会系统吸纳新含义的过程，成为联系各种后现代部落的纽带。从而也出现"艺术家——企业家"的复兴，他们通过个人才能而不是人们的需求进行创新，同时用一些社会化的方法进行营销。

因此，"共同构想"（co-conception）这种发展设计过程的新方式出现了。它使设计过程更公开化，从而使每一个受设计决策影响的人都可以预见并影响决策。为了交流和充分地对构思过程的复杂性进行研究，设计过程的公开化是必要的。设计在用户体验而非形态的几何标准下进行了重新定义，设计过程的中心是设计的体验。

无形设计就是体验自身的设计。例如，夏普（Sharp）使用"人性化物品设计"而不是"硬件"或"软件"这一表述；苹果（Apple）研究维系人与设计交互作用的心理学原则，成功的标准是"零学习"（zero learning）（如图 4.5 和图 4.6 所示）。

图 4.5　夏普标志

图4.6　AQUOS Xx 304SH

4.1.2　消费者变化与营销思维方式转变

　　在21世纪，谈消费者与营销问题最重要的就是认识消费者的思维方式。因为认识消费者的思维方式影响"消费者观念"，又将直接影响未来的经营决策与营销策略。今天的消费者心理与行为正在发生着全新的变化，即消费者的需要正在由物质向精神、象征性意义转移。可以说在物质产品已经充满这个世界时，人们可以有欲望也有条件（环境和文化变化）去索取情感和精神产品。这一变化是由需要、环境和文化三者交互作用的结果，远比仅考虑需要或环境变化更为深刻和巨大。这三者的互动发生在人们的心灵深处，对人的影响力是巨大的。这正是今天认识消费者的思维方式的变化，经营者你知道吗！这正如哲人所说：发现世界不是去发现新东西，而是用新的眼光看待世界。

　　2010年，国内著名体育品牌李宁开启其惊人的品牌转型：90后李宁。从李宁公司的战略意图看，从1990年成立到2010年正好是20年，启用"90后李宁"即意味着李宁公司是体育品牌中的"90后"。可这只不过是李宁公司一厢情愿的"套近乎"，多数90后对此不以为然，甚至将之视为对他们的刻意嘲讽。"我是90后，我就是不喜欢这个广告！"不少人这样愤愤表达。尽管铺天盖地的广告海报，除却林丹和戴维斯这两位体育明星的光环以外，根本找不到与90后契合的影子。李宁品牌的定位失败，给正在挖掘90后市场商机的企业一个深沉的提醒：你真的懂90

图4.7　"90后李宁"广告

后吗？90后的需要与环境、文化交互作用的意义是什么？如何运用到营销中？其实经营者并不了解（如图4.7所示）。

今天各种营销策略设计主要是由环境、文化的变化所致。在人类文明过去的几千年里，根本性的变化主要发生在人类必须面对的外部环境，其中自然环境、社会环境和国际环境的变化又最为剧烈。一个自然的世界也已经被建设为一个人造的世界。这一变化之巨大，超越了每一代富有想象力的预言家的预言，超越了人类全部的想象；同时随着人们日益富裕，由环境和文化变化影响而产生的精神、象征性消费正成为消费的主要方面。这点仅从时尚服饰现象就足以看出。如今服饰不是越多越好（指在身体上），正好相反，越少越酷。更有趣的是布料少还更贵，因为我让你吸引了更多的眼球，这种精神和自我的表现，难道你不该为此付出更多的费用吗？穿，从保暖、遮羞、护理向深度发展，服饰已经从功能、身份向时尚、个性转化，更多的则是各文化族群性情的反映。许多世界著名品牌已从时尚走向经典，成为某一个性极限的表现。

今天的消费者普遍认为只要感觉需要就是卖点。只要对包含着文化意味的样式有感觉，能够被心理和精神感受，就可以成为商品，就有人为此付出金钱。心理和精神消费产品可以有一种物质载体，也可以没有；它可能消费的是产品的结果，也可能是过程；它可让人快乐，也可让人痛心。总之，人们对它有感觉，就有了卖点，就可以构成市场。就像许多人买了一辈子的彩票，从未中过奖，但他从不懊悔，原因是买彩票给了他希望，给了他期盼，给了他心情的跌宕起伏，也给了他与相关赛事的联系和由此生出的种种故事。

如同样都是用iPhone手机，90后则将自己的iPhone与别人的区别看待，因为"我用的保护壳跟你不一样，我跟你就是不一样的"。有的90后女孩为了证明自己的不一样，甚至会疯狂地买200多个iPhone保护壳，每天换不同的外壳以保持新鲜度。还有一点非常重要，就是90后在消费上追求快乐的原则。"只要我喜欢"这一鲜明的自我意识会不自觉地驱动他们做出预判：哪些是自己喜欢的，哪些是适合自己的。他们在消费上强调"我"优先，只要是"我"喜欢的和适合"我"的，就不会在购买上妥协，但前提是价格在他们可承受的消费能力之内（如图4.8所示）。

消费者变化与营销思维方式转变让我们重新认识营销，让各种成功的策略重新回归到营销的本质。清空杂念，踏踏实实回到你所从事的产品上来，当然，有时产品可能是无形的。例如上面90后手机的例子就是把一个有价值的产品的价值发挥到最大化，就是创造了价值，创造价值可以体现在生产、流通、交换、消费等各环节。重新界定你的消费者，永远不要幻想你的产品能满足所有的消费者，也不要幻想让所有的消费者都喜欢你的产品。能够为你的消费者提供最大化的价值，才是企业孜孜

图4.8 各色iPhone保护壳

不倦的永恒追求。

企业的目的永远是创造顾客，创造价值，而不是其他。创造顾客就是吸引顾客尝试购买，创造价值就是让顾客重复购买。这就是企业的经营目的，同样也是销售的最高境界。很多营销者、营销研究者、营销咨询者与营销传播者已经很困惑，似乎过去流行的生意正在逝去，而且正在变得非主流，而核心的生意似乎与渠道的构建、一体化服务链接在一起，我们要顺应消费行为变化而产生的渠道媒体能量的释放。今天人们对于服务革命的认识依然滞后，对于渠道革命发生的现实还没有理性认知，而对于服务变革的需求与相应的供应设计则处在滞后的状态。在管理与营销教育界，则对于服务革命、终端媒体的崛起还处在懵懂状态。对于前沿的创新服务业与服务传播者来说，这既是一个先声夺人的机会，也是一个要适度耐得住寂寞的选择。

研究认为针对消费者变化，营销思维方式转变主要表现在以下几方面。

（1）消费者变了

90后甚至00后已经成为不折不扣的全球消费主力。与传统消费者相比，他们个性更强，他们更全球化、掌握更多科技手段、更为自我，他们相信自己的判断、相信朋友间的交流远远胜过相信广告。

（2）商业模式变了

O2O是未来零售业发展的唯一道路已成为业界共识。电商、社交网络、移动互联、二维码等一系列信息技术将使零售业产生颠覆性变革，而且零售业直到今天才真正称得上是"零售业"。过去的零售，事实上是在做渠道；而今天的零售，则开始以消费者为中心。

（3）信息传播方式变了

微博、微信等新媒体的出现颠覆了传统的广告投放方式。内容营销、人文营销所起的作用越来越大，"内容就是广告，广告就是内容"已经成为现实，比如"凡客体"等（如图4.9所示）。

图4.9 凡客体广告

也有研究认为新服务时代消费者有三个重要的变化：一是消费者借助于网络信息工具对于产品的信息对称度大大提高；二是由过去需要认知产品品牌与终端服务品牌的二次消费体验整合转变为主要从终端服务获知消费信息的一次消费体验模式；三是消费者对于服务不只是简单接受过去的模式，而是变得更为讲究与精细。这需要将产品与服务的传递过程大大拉长，并且对于各专门环节给予更为充分的设计与展开，从而构成了新型的细分服务行业。要懂得将营销思维的重心转移到顾客怎么买的思路上来，怎么买的重心是顾客体验。

21世纪做营销一定要转变思维方式，通过与消费者对话，重新认识消费者变化。这要求我们以需要、环境和文化三者交互作用为主线，孤立地考虑某一因素作用的观点是不可取的。因为消费者行为在变，营销思维方式不变不行。

· 4.2 营销STP

今天的企业已经意识到，要吸引市场上所有的消费者，或用不同的方式吸引所有消费者，都是不可能的。消费者太多了，分布得太广泛了，并且在需求和购买行为上各不相同。另外，企业本身在服务于不同市场方面的能力也有很大差异，必须设计能够与合适的顾客构建合适关系的顾客驱动型营销战略。

因此，大多数企业已经从大众营销转移到了选择目标市场营销——了解市场各个部分，选择其中之一或者几个细分市场，开发专为这些细分市场准备的营销计划。企业不再分散其营销努力（"机关枪"扫射方式），而是将注意力集中于对企业创造最佳价值有较大兴趣的消费者（"手枪"点射方式）。

目标营销的确定通常要经过三个步骤，即所谓的营销STP（细分Segmentation、选择Targeting、定位Positioning），因此需要研究"市场细分"、"选择目标市场"、"市场定位"三个方面。

图4.10是设计一个顾客驱动型营销战略经历的四个主要步骤。在前两步，企业选择将要为之服务的顾客。市场细分（market segmentation）指的是将市场划分为具有不同需要、特征或行为，以及需要不同产品或营销方案的顾客群体。企业可以采用不同的方法对市场进行细分，并了解划分后细分市场的情况。目标市场选择 [market targeting（or targeting）] 就是通过评价各细分市场的吸引力，然后有选择地进入一个或一个以上细分市场的过程。

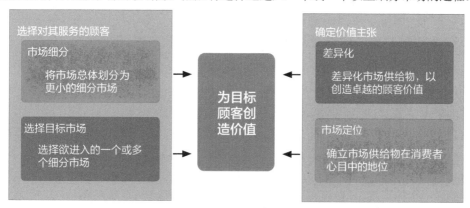

图4.10　设计顾客驱动型营销战略

在后两步中，企业确定价值主张——如何为目标顾客创造价值。差异化（differentiation）就是使市场供给物产生实际差异以创造优越的顾客价值。市场定位（positioning）是企业为在目标消费者心里占据一个比竞争者更明确、更独特和更理想的地位而对其市场供给物做出安排的行为。

4.2.1 营销STP——市场细分

市场是由消费者组成的，而消费者在各个方面都是不同的。他们可以在需求、资源、地点、购买态度和购买行为上相异。通过市场细分，企业将庞大的不同质的市场划分成了更小的、能够提供与消费者的独特需求相匹配的产品和服务，从而更加有效率地细分市场。

4.2.1.1 消费者市场细分

市场细分没有唯一的方法，需要营销者对不同的细分变量进行测试，包括测试单独的和组合的要素，以发现观察市场结构的最佳途径。这里，我们着重探讨以下几个主要变量：地理因素、人口因素、心理因素和行为因素。

（1）地理细分

地理细分（geographic segmentation）是将市场划分为国家、州、地区、农村、城市或邻里等地理单位。企业可以决定在一个或者几个地理区域内运作，或者在所有区域内经营，但关注不同地理区域人们的需要和欲望的差异。

如今很多企业都将其产品、广告、促销，以及销售努力本地化，以适应不同地区、城市甚至社区的个性化需求。例如，国家、地区、州、县、城市，甚至是街道。企业可以决定在一个或者几个地理区域集中经营，也可以在覆盖所有区域的同时关注需求的地区差异。例如，一家消费品公司将额外的低卡路里甜点成箱运往治疗肥胖症的诊所附近街区的商店；卡夫公司为拉美人聚居地专门开发了Post's Fiesta FruityPebbles谷物食品；宝洁公司在英国市场上销售咖啡味品客薯片，而在亚洲市场上销售豆豉味品客薯片。

很少公司有资源或者意愿在全球所有或大多数国家开展经营。虽然一些大企业，如可口可乐或索尼公司，在全球超过200个国家销售产品，但大多数国际性企业还是将精力集中于更有限的市场上。跨国经营面临很多新的挑战，不同的国家甚至是邻国，都可能在经济、文化、政治构成上相距甚远。因此，正如在国内市场上那样，国际企业需要将它们的世界市场也按照不同购买需求和行为进行细分。

企业可以采用一个或者多种变量的组合细分国际市场。它们可以通过地理位置进行细分，将国家按照地域分类，如西欧、环太平洋、中东或者非洲。地理细分假定相邻的国家有众多共同的需求和购买行为特点。虽然这点通常没错，但也有很多例外。

例如，虽然美国和加拿大在很多方面是类似的，但二者与邻国墨西哥在文化和经济上的差别都很大。甚至在同一个区域中，顾客也可能相差悬殊。例如，一些美国营销者将中南美国家归为一类。然而，多米尼加共和国与巴西的差别和意大利与瑞典的差别差不多。很多中南美国家甚至不讲西班牙语，包括讲葡萄牙语的 1.88 亿巴西人和其他上百万讲各种印第安方言的国家人口。

▶ **[案例] 可口可乐针对中国消费者大玩情感牌**

图 4.11 可口可乐"团聚一小时"广告

新年是中国人民的传统节日，在这合家团聚的日子里，大家是否可以抬起头，放下手中把玩的手机，少刷一点微博和朋友圈，与家人一起分享过去一年的经历。"除夕夜晚的 6~7 点，来瓶可口可乐，这 1 小时专属你和你的家人。"人们可以通过线上宣誓的方式参与到活动中来（如图 4.11 所示）。

这一为可口可乐打造新年"团聚一小时"的情感话题，以特殊时间段的亲情交流引发情感共鸣，结合可口可乐"欢乐开怀"的传播主题，在春节长假期间开展情感营销！传漾期望通过炫目的 SamBa 富媒体广告形式，吸引消费者参与到活动中来，同时传递可口可乐热情、快乐的品牌形象（如图 4.12 所示）。

图 4.12 "团聚畅爽，就要可口可乐"视频广告

文案上，首先抛出"和家人多久没团聚了"这一情感问题，激起受众的情感共鸣，牢牢抓住受众眼球，紧接着以"来瓶可口可乐，和家人一起畅爽"作承接，恰到好处地配合释放"团聚一小时"的活动信息，达到了很好的互动参与效果；

创意上，结合新年，用"欢乐开怀"渲染新年温暖开心的氛围；

图 4.13 首页超级浮层，直达受众

视觉上，运用传统的中国红，整幅画面渲染出浓浓的中国味；

在网页广告的执行上，利用首页超级浮层，直达受众（如图 4.13 所示）。

Banner 扩展——用户可以在 banner 中直接点击参与按钮，参与成功之后同时也会展示已经有多少人参与到这个活动中来。

另外，还在微博主页窗口进行宣传，根据可口可乐品牌及目标受众的特点，利用社会化媒体 API 广告，能够吸引较多的用户参与到活动中，也有利于对品牌形象的宣传（如图 4.14 所示）。

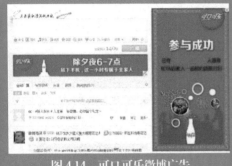

传漾为可口可乐广告植入了社会化传播元素，通过SamBa富媒体广告技术平台，在原有的富媒体广告创意优势上，融入创新的互动方式，在观看广告的同时直接可以加入活动，让受众体会到强烈的参与感，并增强广告效果，达到了迅速传播的目的。最终全网线上有200万用户点击了参与按钮，通过点击富媒体按钮参与活动的人数占比20%左右，出色地完成了客户的KPI。

图4.14　可口可乐微博广告

图4.15　NutrilPals

图4.16　Ensure

图4.17　Brain Age

（2）人口细分

人口细分（demographic segmentation）就是以年龄、性别、家庭规模、家庭生命周期、收入、职业、教育、宗教、种族、世代和民族等变量为基础将市场划分为不同的群体。人口统计因素是对顾客进行细分的最普遍的依据。原因之一是消费者需要、欲望和使用频率通常与其人口统计变量密切相关。另一原因是人口统计变量比其他大多数种类的变量更容易衡量。其实，即使营销者采用其他参数（如利润或行为）定义细分市场，也必须知道细分市场顾客的人口统计特征，才能评估目标市场的规模，使之能够高效地运作。

① 年龄和生命周期细分

消费者的需求和欲望随着年龄而有所不同。一些企业采用年龄和生命周期细分（age and life-cycle segmentation），为不同年龄和处于生命周期不同阶段的顾客提供不同的产品，或采用不同的营销方法。例如面向儿童市场，雅培公司（Abbott Laboratories）销售NutrilPals"均衡营养"饮料和甜点，产品标签上印着卡通人物（如图4.15所示）。

而面向成年人市场，它销售Ensure，承诺"帮助你保持健康、活力和充沛的精力"（如图4.16所示）。

一直以提供年轻人导向的电子游戏著称的Nintendo，现在向更年长的一代提供一种叫作Brain Age的游戏，这是专为"锻炼头脑"，保持心智年轻而设计的。公司目标是吸引非游戏玩家的年长者，他们可能觉得提高技能的游戏要比侠盗猎车手（Grand Theft Auto）或魔兽世界（World of Warcraft）更富魅力（如图4.17所示）。

▶ [案例] 日产汽车中国"80 后"全球概念车——蓝鸟·印象

2014 年 4 月，日产汽车瞄准中国"80 后"的生活方式精心打造的全球概念车——蓝鸟·印象正式发布，这是日产汽车发展史上第一款由中文名称演绎成英文名称的概念车型（如图 4.18 所示）。

无论是海外市场，还是国内市场，蓝鸟轿车都是久享盛名的汽车品牌。正如东风日产副总经理任勇所介绍的："蓝鸟车型在中国家喻户晓，是当时轿车发展趋势的引领者。"

而在 80 后已经成为中国社会的中坚力量和汽车消费的主力军之后，这一庞大的新势代人群的观念和思潮，深刻影响着这个时代的变革；他们注重自我、个性独特、追求高品质和更具活力的生活方式，都对汽车产品的设计和技术应用提出了新的要求。"蓝鸟·印象"概念车正是东风日产迎合新势代消费群体用车需求和价值观，完全由日产汽车中国研发设计团队主导，集合全球资源打造的未来之车。

据任勇介绍，最新打造的这款概念车"既传承了蓝鸟的品牌精神，又凸显了中国汽车行业发展趋势和消费潮流对全球汽车市场的影响"。从"蓝鸟·印象"概念车的设计上，也不难发现这款全新车型所具有的诸多前瞻性元素。"蓝鸟·印象"概念车以中国元素和中国文化为依托，以 80 后为代表的新势代消费群体审美标准为依据，整车应用日产"V-Motion"家族设计理念。充满肌肉感的线条勾勒出更加前卫、更具"反叛"的造型；回旋镖式的 LED 大灯营造出炫目的未来设计元素，展现出与众不同的未来科技感和时尚激情感；条状的 LED 尾灯，中置的警示灯，这些都是年轻人喜欢的设计，因而得以保留。业界普遍认为，蓝鸟·印象概念车的发布，反映出日产将家族统一性覆盖至所有车型的设计趋势，包括轿车和跨界车领域（如图 4.19~图 4.21 所示）。

图 4.18 蓝鸟·印象概念车

图 4.19 回旋镖式的 LED 大灯营造出
炫目的未来设计元素

图 4.20 充满肌肉感的线条勾勒出更加前卫、
更具"反叛"的造型

图 4.21 条状的 LED 尾灯，中置的警示灯，这些都是
年轻人喜欢的设计，因而得以保留

据了解，作为日产汽车立足中国市场打造的第一款全球车型，"蓝鸟·印象"概念车的量产车型将率先在中国市场上市。这款极具中国特色并融入多种中国元素的"蓝鸟·印象"概念车，将深刻影响日产汽车未来全球车型的设计和研发趋势，并将形成中国汽车消费潮流席卷全球的热潮；同时，"蓝鸟·印象"概念车也将成为东风日产及日产汽车发展史上的里程碑。

在采用年龄和生命周期细分市场时，营销者必须谨防落入旧框框。例如，尽管一些80多岁的老年人需要轮椅，但也有一些80多岁的老年人还会打网球。同样，尽管一些40多岁的夫妇正将他们的孩子送进大学，但也有一些同龄人才刚刚开始建立新家庭。因此，年龄对一个人的生命周期、健康、工作、家庭状况、需要和购买力有时并不是一个准确的指示器。向成熟消费者营销的企业，通常会采用积极的形象和特点。以主要针对婴儿潮早期出生者的休闲汽车行业为例。这些人现在是空巢老人，会驾驶着休闲车去探望他们的儿孙，或者按照自己的步调周

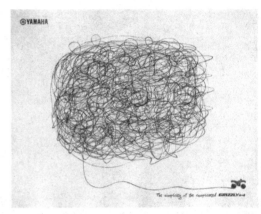

图 4.22　雅马哈 Grizzly 系列广告

游美国。他们重新挖掘生活的激情，将精力释放出来。为吸引这样的消费者，休闲车业采用的广告展示充满活力、生活充实的这一代人发现了新的地平线，鼓励消费者"驾驶休闲车"（Go RVing）（如图 4.22 所示）。

② 性别细分

性别细分（gender segmentation）长期以来主要用于服装、美容化妆品及杂志行业。宝洁公司是采用性别细分方法的第一家企业，最初用在了 Secret 产品的营销上。Secret 是一个专为女士开发的化妆品品牌，宝洁针对该产品的包装和广告突出美化女性形象。

最近，不少原本主要生产女士化妆品的制造商也开始营销男士系列产品。例如，妮维雅营销妮维雅男士系列，"专为健康而有活力的男士设计的护肤和须后护理优质产品"，同时还提供男士保养的四步指南（如图 4.23 所示）。

在从摩托车到吉他的各种商品市场上，曾遭忽视的性别细分市场可能会提供意想不到的新的机会。例如 10 年前，96% 的吉他是由男士购买，或者是为男士买的。Daisy Rock，The Girl 吉他公司，用一把一把的吉他改变着这个传统。以多叶琴头的雏菊形吉他为开端，Daisy Rock 现

图 4.23　妮维雅男士护肤品

在拥有专门面向女士市场的小型、轻巧、外观有趣、高质量抛光面吉他的完整生产线。这些吉他，有女孩喜爱的蝴蝶形、心形、雏菊形，也有适合成年女性的抛光红色、紫色、粉色吉他。自公司 2000 年创建开始，Daisy Rock 的销售额每年都翻一番（如图 4.24 所示）。

③ 收入细分

诸如汽车、服饰、化妆品、金融服务和旅游等行业的营销者，长期以来都很擅长采用收入细分（income segmentation）。这些企业以奢侈品和便捷的服务瞄准富有的顾客。内曼马库斯公司销售的商品从昂贵的珠宝、时尚服饰，到 20 美元一磅的澳洲杏，应有尽有。信用卡公司提供超级贵族信用卡，例如维萨公司的签名卡、万事达公司的世界卡，及美国运通的超级精英 Centurion 卡。很多人垂涎的黑色 Centurion 卡只有受公司邀请的顾客才能得到，而享受此卡的顾客每年需在美国运通的其他卡上消费超过 15 万美元，同时还要满足其他一些要求。被挑选出来的少数持卡者还要支付另外 2500 美元年费——只为了持有这张卡能够享受的特权（如图 4.25 所示）。

图 4.24　Daisy Rock

图 4.25　美国运通黑色 Centurion 卡

然而，并不是所有采用收入细分的企业的目标顾客都是富有的一群。不少零售商如 the Dollar General，Family Dollar 和 Dollar Tree 连锁店——就成功地定位于中低收入群。这类商店的核心顾客是收入 30000 美元以下的家庭。当 Family Dollar 的房地产专家为新店选址的时候，他们寻找的是穿着廉价鞋、开着漏油旧车的中低收入阶层聚居的街区（如图 4.26 所示）。

在低收入战略指引之下，Family Dollar 现在是全美发展最快的零售商。它们是如此成功，以至于引起了折扣店巨头们的注意。例如，塔吉特已经在店内开辟了 1 美元通道——"1 地点"；像克罗格和 A&P 这样的超级市场也在开展"10 件 10 美元"促销。一些专家预测，为应对 1 美元商店的挑战，沃尔玛最终会收购这些连锁店中的一家，或者自己也开一家类似的零售店。

（3）心理细分

心理细分（psychographic segmentation）即基于社会阶层、生活方式或人格特征将市场分为不同的群体。人口统计特征相同的人群，仍可能有不同的心理特征。

人们购买产品的方式反映了他们的生活方式。所以，营销者通常根据消费者生活方式进行市场细分，并以生

图 4.26　Family　Dollar

图 4.27　C4L 全系

图 4.28　爱丽舍

图 4.29　全新世嘉

活方式的特征为基础制定营销战略。例如，美国运通承诺"适合你的生活的卡"。它的"我的生活，我的卡"广告活动透露了为消费者所认同的名人的生活方式，这些名人包括专业冲浪运动员莱尔德·汉密尔顿（Laird Hamil ton）、电视名人艾伦·德杰尼勒斯（Ellen DeGeneres），及银幕明星罗伯特·德尼罗（Robert DeNiro）和凯特·温斯莱特（Kate Winslet）。

　　在以"创新·美好生活"为主题的 2013 上海车展上，东风雪铁龙发布的 C4L 全系、全新爱丽舍、全新世嘉都在中级车市场。该细分市场是所有市场中规模最大的。通过这三款车型的投放，东风雪铁龙在中级车市场形成了密集的产品布局，具备了强大的竞争优势（如图 4.27～图 4.29 所示）。

　　这样密集的布局，东风雪铁龙又从客户群体出发，对目标人群定位进行差异化。对于 C4L 与全新爱丽舍，二者除了级别差异外，可在客户人群上寻找差异化。C4L 的客户群体更加年轻化，全新爱丽舍的目标人群则更加成熟，二者的消费群体有年龄和心理上的差异。

　　（4）行为细分

　　行为细分（behavioral segmentation）就是依据消费者对产品的了解、态度、使用或反应对市场进行划分。很多营销者相信行为变量是建立细分市场最佳的起点。

　　① 时机

　　购买者能够根据产生购买动机、实际购买或使用所购物品的时机进行市场细分。时机细分（occasion segmentation）可帮助企业更好地设置产品用途。例如，大多数顾客在上午喝橙汁，但橙子种植者将橙汁饮品宣传为一天中其他时间饮用的凉爽、健康饮料。恰恰相反，麦当劳"留下您的早晨心情"广告，力图通过麦当劳早餐宣传为摒除慵懒烦闷的心情而带来早晨的兴奋的食品以扩大麦当劳的销售（如图 4.30 所示）。

图 4.30　麦当劳"留下您的早晨心情"早餐平面广告

▶ [案例] 韩后电商营销，品牌日或成未来趋势

"不改革，毋宁死。"在互联网的冲击下，这句话成为摆在各个行业面前的一挂警钟。

2014年，由特卖网站唯品会引爆的4·18促销大战刚刚结束（如图4.31所示），以五四青年节、母亲节为主题的促销狂欢节便提上五月的日程，随后还有六月的6·18京东店庆日、父亲节，七月的七夕情人节……这些以往被人们忽视的日子在电商的布局中被赋予特殊的含义，成为电商与消费者互动的一种促销狂欢节。

为从众多品牌促销的平台里获胜，品牌商也不甘落后，有的顺势而为，开展配合节日的线上线下联动促销活动，如珠宝品牌周大福在天猫商城、京东商城、苏宁易购等旗舰店和百货专卖店推出母亲节"简单的爱"主题促销节。更有甚者，如护肤品牌韩后，直接打造专属品牌日919，开创节庆营销模式先河（如图4.32~图4.34所示）。

图4.31 特卖网站唯品会引爆的4·18促销活动

图4.32 京东商城母亲节促销活动

图4.33 淘宝网母亲节促销活动

图 4.34 韩后打造专属品牌日 919

随着互联网的发展，这种节庆营销的主动权已悄然发生着变化，经历着由传统百货公司到线上电商平台，再到企业品牌自发促销的阶段。在竞争中创新，在创新中抢占制高点，已成为互联网格局下企业生存的真实写照。

a.电商环境下的"逆生长"代表

马云在一次采访中认为，以电商为代表的新商业生态系统对于传统商业生态系统将会开展一次革命性的颠覆，"就像狮子吃掉森林里的羊，这是生态的规律；游戏已经开始，就像电话机、传真机会取代大批信件一样，这是必然趋势。新经济模式已经有点狮子的味道。"

电商领域从来不缺复制者，尤其是成功的经济模式。如今，随着互联网的发展，各类电商层出不穷，如京东商城、苏宁易购、唯品会、聚美优品等。可以说，消费者的网购行为已经不再局限于促销日，而成为一种消费习惯。这对于电商来说，是一块巨大的蛋糕；而对于品牌商来说，则是进行渠道变革的一次挑战。这种形势下，传统品牌商既面临着消费者习惯改变的现实，也面临着电商促销大战选择平台的抉择。

b.搅动大局的"另类"

电商进行的"购物节"往往是一家发起，群雄相应，从而衍生成电商群体的促销大战。而韩后打造的 919 "品牌日"从某种意义上说，是属于韩后和消费者的节日。

那么，如何将公众的注意力聚焦到 9 月 19 日？

韩后可谓做足了功课。为了做好前期广告铺垫，韩后邀请了当时《中国好声音》人气导师哈林出演了两则广告，号召大家参与 919 的活动。从 8 月 15 日起，全国八大主流卫视播放女神版及猛男版的"919 搞一搞"悬念式广告，9 月 1 日开始播放"919 让你一次爱个购"的促销广告（如图 4.35 所示）。

图 4.35 韩后邀请了当时《中国好声音》人气导师哈林出演广告

　　纵观整个过程，虽然一些广告引发了公众的讨论，但后来的曝光度证明这一策略是卓有成效的。

　　数据显示，一个月内，"韩后"品牌实现高达 29 亿人次的曝光量，逾千家媒体主动报道，关注指数翻了五倍，微博平台内搜索量达 1.4 亿，整体传播广告价值超 1.6 亿。

　　"韩后几乎用一个月的时间，完成了普通品牌可能需要三年才能达到的品牌认知积累。"某护肤品牌营销高管透露。

　　广告的铺垫最终都为了服务于销售。韩后内部人士称，9 月 19 日当天，韩后作为品牌，线下 8000 多家门店，连同电商平台同步进行促销，零售达 1 个亿。"虽然过程中有很大的争议，但从结果来看，韩后这次的营销是成功的。韩后重金打造专属于品牌的购物节，可谓行业率先吃螃蟹者，开创了护肤品促销模式的先河。"一业内人士如是评价。

　　"同天猫的"双十一"一样，人们如今一提到"双十一"就会想起促销，而我们将会把 919 坚持做下去，将品牌理念和营销植入，让消费者一提到 919 就会想到韩后品牌。"韩后负责人表示。

　　除了在品牌日周密布局，在品牌代言人的选择上，事后证明韩后确实颇有"先见之明"。全智贤主演的韩剧《来自星星的你》在火爆全球前，韩后就已签下她。"全智贤在经过深入了解后充分认同韩后的品牌理念，基于对我们品牌的信任，做出了合作的决定。"韩后相关高层透露（如图 4.36 所示）。

图 4.36　韩后签约全智贤

　　放眼整个社会，在营销界掀起风潮的还有一家公司——小米手机。当国产智能手机饱受苹果、三星抢占市场份额之苦时，小米却异军突起，24 个月即实现 300 亿的规模。

　　小米手机的配置与传统国际品牌相比并不逊色，甚至要更强。而之所以成为业界关注的焦点，除了 1999 元的低价格之外，还有这家公司特立独行的营销方式。预订、排号、凭邀请码购买、限时限量开放……此前从未有过一款智能手机以这样的方式发售，正是这种独特的营销模式造就了小米的成功。

　　C. 品牌日或成未来趋势

　　4 月 9 日晚间，在博鳌亚洲论坛 2014 年年会的一场讨论中，腾讯网络媒体事业群总裁、集团高级执行副总裁刘胜义表示："互联网的五大发展态势无论对于互联网企业还是我们的广告主来说，都不是一个舒适的生存环境。就像已经发生过的两次工业革命一样，所有的企业都面临着不适应就灭亡的挑战。"

　　可以发现，无论是韩后的"节庆营销"，还是小米的"饥饿营销"，以及颠覆传统电视行业的乐视，它们的出现都是适应互联网环境，进行自主创新的成果。

韩后"品牌日"的打造也离不开线上线下联动策略，这种O2O模式（online to offline，线上到线下）也是互联网环境下的一种经济模式。

刘胜义认为，互联网和移动互联网给我们带来了更多的消费者、更多的信息，也带来了更平等的竞争、更高质量的经济。比如，现在出现的O2O模式，给我们创造了很多就业，孕育了更多的创新。互联网给消费者普及更多的消费文化，创造更多的消费意愿。

4月15日，在2014年天猫战略发布会上，天猫总裁王煜磊表示，2014年其中比较重要的一件事就是打造"一日一品牌"，匹配集团核心资源帮助品牌商形成不同时间点的"双十一"，打造属于品牌和消费者互动的节日。

可见，品牌日这个概念已成为电商的重大战略布局。尽管韩后"另立山头"，区别于平台促销，随着"一日一品牌"的实施，韩后未来面临的或许就是品牌商之间的促销竞争，如同各路电商在"促销节"同时竞争一样。

因此业内人士指出，在未来，随着品牌日的普及，以韩后为代表的品牌商要想在激烈的竞争中抢占主动权，更需要在产品上下功夫，围绕产品和消费者诉求创新营销策略。

② 利益

图4.37　三星智能相机NX300

市场细分的另一种有力手段是依据消费者从产品购买中追求的不同利益进行细分。利益细分（benefit segmentation）需要善于发现人们在购买某种产品时真正寻求的主要利益，划分出寻求每种利益人群的特点，以及传递每种利益的主要品牌。

例如，在2013年CES（国际消费类电子产品展览会）前夕，三星正式发布了旗下新品智能相机NX300。相机主打"混合式自动对焦技术"，即使最快的运动也能在NX300上清晰呈现。结合这一功能，摄影师能够快速捕捉稍纵即逝的精彩瞬间，同时快门速度达到惊人的1/6000秒，以确保将运动的瞬间清晰成像；同时，与智能手机、电脑的同步功能可帮助业余摄影爱好者成功上手（如图4.37所示）。

三星电子与超级体育明星尤塞恩·博尔特确立合作伙伴关系，国际偶像博尔特以其惊人的专注力和速度闻名于世，恰与NX300相机的杰出性能相契合，从而成为相机的理想代言人。NX300相机像尤塞恩·博尔特一样，超快的拍摄速度使它能够轻松捕捉生活中每一个精彩瞬间，并即时分享。凭借带有对比度检测/相位检测复合自动对焦系统，即便身处拥挤人潮，只需轻按按钮即可精准捕捉摄影画面。想急速连拍？没问题。NX300相机的快门速度高达1/6000秒，每秒可连续拍摄8.6张照片，纵使拍摄对象以博尔特的破纪录速度移动，也可确保纤毫尽录。

③ 使用者状态

市场还可以根据一件产品的未使用者、过去使用者、潜在使用者、首次使用者、经常使用者进行细分。营销者希望能留住经常使用者，继续巩固与他们的关系；吸引未使用者；激活与过去使用者的关系。

潜在使用者群体包括面临人生阶段变化的消费者——例如新婚夫妇、初为人父母的夫妻——他们都有可能变成高频率的使用者。例如，高档厨房炊具零售商 Williams-Sonoma 就主动瞄准了新婚夫妇。在一婚礼杂志的插页广告中展示一对刚订婚的年轻恋人，在公园散步或在厨房里隔着一杯酒亲密聊天的情景。准新郎问："既然我已经找到了真爱，还有什么需要的呢？"Williams-Sonoma 刀具、烤面包机、玻璃器皿和各种盆盆罐罐的图片提供了很强的暗示（如图 4.38 所示）。

④ 使用频率

市场还可以根据顾客是产品或服务的轻度、中度，还是重度使用者来细分。重度使用者的数量通常只占市场的一小部分，但在消费量上占据很高的比例。

图 4.38　Williams-Sonoma 产品

例如，快餐连锁企业汉堡王的目标市场是它所谓的"超级粉丝"，即年轻（年龄 18~34 岁）、狼吞虎咽的男性，他们只占整个连锁店顾客的 18%，但在光顾的次数上却占到了一半之多。他们平均每个月在汉堡王消费 16 次。于是，汉堡王大胆采用吹捧满是肉、奶酪多得能让人呕吐的巨无霸汉堡包广告吸引目标顾客（如图 4.39 所示）。

⑤ 忠诚状况

图 4.39　汉堡王标志

市场还可以根据顾客忠诚度进行细分。顾客可能对品牌（汰渍）忠诚，对商店（诺德斯特罗姆）忠诚，对企业（丰田）忠诚。消费者可以根据忠诚度进行划分。一些顾客完全忠诚——他们始终购买同一品牌的产品。例如，苹果对下面讲到的那些忠诚顾客来说几乎相当于宗教信仰。

其他顾客在某种程度上是忠诚的——他们忠诚于某种产品的两三个品牌，或者偏爱一种品牌，但有时会购买其他品牌的产品。还有一些消费者对任何品牌都不忠诚——他们或者每次都想换个新鲜的和不同的，或者什么在促销他们就买什么。

一家企业可以通过分析市场上的忠诚类型学到很多。它应该从分析自己的忠诚顾客开始。例如，通过研究"macolytes"，苹果公司可以更精准地认识目标市场，开发合适的营销卖点。通过研究不太忠诚的顾客，企业可以发现哪些品牌是自己品牌最具竞争性的对手。通过审视正从自己的品牌转向别处的顾客，企业可以了解自己营销中的薄弱点。

（5）同时采用多种细分依据

营销者很少会将市场细分仅限于一个或者几个变量，通常会同时采用多种细分变量，以发现那些范围更小、定义更准确的目标顾客群。因此，一家银行不仅会识别富有的退休者群体，还会在这个群体中根据当前收入、资产、储蓄、风险偏好、住房和生活方式将这个群体再细分。

一些商业信息服务公司——例如 Claritas、Experian、Acxion、Mapln——提供将地理、人口、生活方式、行为等数据整合起来的多元细分体系，以帮助企业将它们的市场细分到邮编、街区，甚至单个家庭。这些领先的细分系统之一是 Claritas 公司开发的 PRIZM NE（New Evolution）。PRIZM NE 根据众多人口统计因素——如年龄、受教育水平、收入、职位、家庭消费、种族划分和住房以及行为和生活方式因素——如购买、闲暇活动和医疗偏好，对每个美国家庭进行了区分。

PRIZM NE 将美国家庭划分为 66 个在人口统计因素和行为因素上不同的细分市场，形成了 14 个不同的社会群体。PRIZM NE 为这些细分市场取了古怪的名字，如"Kids&' Cul-de-Sacs"、"Gray Power"、"Blue Blood Estates"、"Mayberry-villea"、"Shotguns &. Pickups"、"Old Glories"、 "MultiCulti Mosaic"、"Big City Blues"及"Bright Lites L'il City"。多彩的名称有助于将群体的差异鲜明地表现出来。

PRIZM NE 和其他类似的系统可以帮助营销者将消费者和他们居住的区域划分为便于营销的相似的顾客群。每个群体都有自己的爱憎模式、生活方式和采购行为。例如，"lue Blood Estates"街区是精英们居住的郊区（居民主要由社会精英、超级富有的家庭组成的城市郊区）社会团体的一部分。这个细分市场的人们更可能拥有一辆奥迪A8，滑雪度假，在 Talbots 购物，阅读 A hitectural Digest 杂志；相反，"hotguns &. Pickups"细分市场是美国中产阶层社会群体的一部分，居民主要是城市蓝领工人和家庭。这个细分市场的人更可能去狩猎、买摇滚乐唱片、驾驶道奇公羊"Dodge Ram"观看电视节目 Daytona 500，阅读 A h American Hunter 杂志。

这样的细分为各种营销者提供了一个有力工具，可以帮助企业识别并更好地了解关键的细分顾客群，更有效地瞄准细分市场，并为细分市场的特定需求量身定制市场供给物和信息。

4.2.1.2 有效市场细分的要求

诚然，细分市场的方法有很多，但并非所有的都有效。市场细分要有效，必须符合以下条件。

（1）可衡量性

市场的规模、顾客的购买力，以及细分市场的特征都要能够测量。有些细分变量就很难测量，例如美国有 3250 万左撇子——几乎等于加拿大人口总数。然而很少有产品将目标市场定位于这群人。主要问题可能是这个细分市场难以识别，且难以测量。左撇子的人口统计特征，没有任何数据资料，而且美国统计局在它的研究中不会追踪惯用左手的人。私人数据公司保有许多人群的数据资料，但不包括左撇子。

（2）易接触性

细分市场可以有效地接触并为之提供服务。假如一家香水公司发现自己品牌的重度使用者都是夜间社交生活丰富的单身男女，那么除非这个群体的成员聚集在某些地方生活、购物，并暴露于某种媒体，否则它的成员将很难接触到。

（3）可持续性

细分市场足够大，或盈利性足够。一个有效的细分市场应该是值得用一种量身定制的营销方案去争取的、尽可能最大的同质群体。例如，对一个汽车制造商来说，专为身高超过 7 英尺的人开发汽车肯定是不值得的。

（4）可区分性

细分市场在概念上可以区分，并对不同的营销要素及组合方案有差异性的反应。如果已婚女士和未婚女士对香水的促销反应相似，她们就无法构成独立的细分市场。

（5）可执行性

即可通过设计有效的营销方案吸引细分顾客群并为他们服务。例如，虽然一家小型航空公司识别了 7 个细分市场，但它的员工数量太少了，不可能为每个细分市场都开发单独的营销方案。

4.2.2　营销 STP——目标市场选择

细分市场揭示了企业的市场机会。企业下一步必须对各个细分市场进行评估，并决定它能最好地服务于哪几个细分市场。下面我们来看看企业是如何评估并挑选目标市场的。

4.2.2.1　细分市场的有效评估

在评估不同细分市场的过程中，企业必须审视三个因素：细分市场的规模和成长性、细分市场的结构性吸引力、企业的目标和资源。企业首先必须搜集并分析当前细分市场的销售数据、增长率以及各个细分市场的预期盈利性。它会对具有合适规模和成长特点的细分市场产生兴趣，但"合适规模和成长性"是相对的。规模最大、发展最快的细分市场对各个企业来说不总是最具有吸引力的。小型企业可能缺乏必需的技能和资源为大规模的细分市场服务，或者可能觉得这些细分市场的竞争太激烈了。这样的企业可能会将目标市场锁定于那些规模相对较小、吸引力相对较弱的市场，不过这些市场对它们来说盈利性水平更高。

企业也需要审视影响长期细分市场吸引力的主要结构性因素。例如，一个细分市场如果已经包含着强大并野心勃勃的竞争对手，那么它的吸引力就不大。众多现实的或者潜在的替代品的存在可能会限制价格和可能获得的利润。相关的消费者购买力也会影响细分市场的吸引力。如果相对于卖方来说，买方有很强的讨价还价能力，那么买方就会力图迫使卖方降价，提供更多的服务，或树立竞争对手——所有这些行为都会影响卖方盈利。最后，一个细分市场中如果有强大的供应商，它的吸引力也不强；供应商可以控制价格，或降低采购产品和服务的质量和数量。

即使一个细分市场有合适的规模和成长性，并在结构上具有吸引力，企业也必须考虑自己的目标和资源。一些有吸引力的细分市场可以被快速地剔除，因为它们与企业的长期目标并不吻合。或者企业可能缺乏在具有吸引力的细分市场成功所必需的技能和资源。企业应该只进入那些它能够创造优越的顾客价值，并获得竞争优势的细分市场。

4.2.2.2　目标市场选择

在对不同的细分市场进行评估之后，企业必须决定它将几个以及哪些细分市场作为目标。目标市场（target market）由企业决定为其服务的具有共同需要或特征的顾客群体组成。选择目标市场可以在几个不同的层次上实施。下图表明企业的目标可以设置得非常广泛（无差异营销）、非常狭窄（微观营销），或取二者之间（差异化或者集中营销）（如图 4.40 所示）。

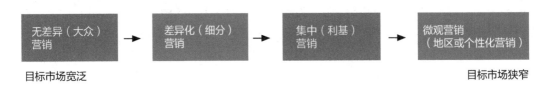

图 4.40　营销目标市场选择战略

（1）无差异（大众）营销

采用无差异营销（大众营销）[undifferentiated marketing（or mass marketing）]战略，即企业决定忽视细分市场的差异，向全部市场提供单一供应物。这种大众营销战略将精力集中于顾客需求的共同点而不是差异点。企业设计能吸引最多数消费者的产品，以及相应的营销方案。

但是，大多数现代营销者都对这种战略持有强烈的怀疑。在开发一种能满足所有顾客需求的产品或品牌的过程中，会面临很多困难。另外，采用大众营销战略的企业在与更聚焦的企业竞争中通常会遇到麻烦，因为后者在满足特定的细分市场和利基市场需要方面做得更好。

（2）差异化（细分）营销

所谓差异化营销（differentiated marketing），又叫差异性市场营销，是指面对已经细分的市场，企业选择两个或者两个以上的子市场作为市场目标，分别对每个子市场提供针对性的产品和服务以及相应的销售措施。企业根据子市场的特点，分别制定产品策略、价格策略、渠道（分销）策略以及促销策略并予以实施。

差异化营销的核心思想是"细分市场，针对目标消费群进行定位，导入品牌，树立形象"。它是在市场细分的基础上，针对目标市场的个性化需求，通过品牌定位与传播，赋予品牌独特的价值，树立鲜明的形象，建立品牌的差异化和个性化核心竞争优势。差异化营销的关键是积极寻找市场空白点，选择目标市场，挖掘消费者尚未满足的个性化需求，开发产品的新功能，赋予品牌新的价值。差异化营销的依据，是市场消费需求的多样化特性。不同的消费者具有不同的爱好、不同的个性、不同的价值取向、不同的收入水平和不同的消费理念等，从而决定了他们对产品品牌有不同的需求侧重，这就是需要进行差异化营销的原因。

差异化营销不是某个营销层面、某种营销手段的创新，而是产品、概念、价值、形象、推广手段、促销方法等多方位、系统性的营销创新，并在创新的基础上实现品牌在细分市场上的目标聚焦，取得战略性的领先优势。

采用差异化营销（细分营销）[differentiated marketing（or segmented marketing）]战略，即企业选择几个细分市场，并对各细分市场单独设计提供物的市场涵盖战略。如福特汽车公司旗下相继推出著名品牌：福特、沃尔沃、林肯、捷豹、路虎等，以满足消费者对汽车的不同需求（如图4.41所示）。

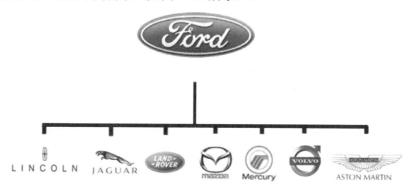

图4.41 福特汽车公司旗下品牌

比如，可口可乐公司不只是向市场提供统一6.5盎司的瓶装可乐，除了继续保留原有可乐碳酸饮料外，相继推出了汽水、果汁等；在古典可乐的基础上推出的低糖饮料——健怡可乐风靡全球，儿童果汁饮料——酷儿都非常成功（如图4.42～图4.44所示）。这两大企业巨头由原来的无差异营销战略转向差异营销战略，取得了巨大的成功，市场竞争地位得以保全。

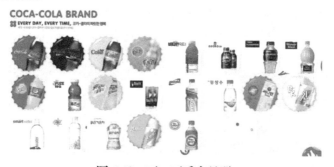

图4.42 可口可乐产品群

图 4.43　健怡可乐　　　　图 4.44　酷儿儿童饮料

再比如，雅诗兰黛针对谨慎定义的细分市场提供超过 24 条优质的护肤、化妆、香水和护发产品线。雅诗兰黛，有着金色和蓝色的包装，原来是吸引 50 岁以上年长女性的品牌（如图 4.45 所示）。

图 4.45　雅诗兰黛红石榴 7 件套装

技术的发展、行业的垂直分工以及信息的公开性、及时性，使越来越多的产品出现同质化，寻求差异化营销已成为企业生存与发展的一件必备武器。著名战略管理专家迈克尔·波特是这样描述差异化战略的：当一个公司能够向客户提供一些独特的，其他竞争对手无法替代的商品，对客户来说其价值不仅仅是一种廉价商品时，这个公司就把自己与竞争厂商区别开来了。

对于一般商品来讲，差异总是存在的，只是大小强弱不同而已。而差异化营销所追求的"差异"是产品——物理的产品或服务产品的"不完全替代性"，即企业凭借自身的技术优势和管理优势，生产出在性能上、质量上优于市场上现有水平的产品；或是在销售方面，通过有特色的宣传活动、灵活的推销手段、周到的售后服务，在消费者心目中树立起不同一般的形象。

1）产品差异化

产品差异化是指产品的特征、工作性能、一致性、耐用性、可靠性、易修理性、式样和设计等方面的差异。也就是说某一企业生产的产品，在质量、性能上明显优于同类产品的生产厂家，从而形成独自的市场。对于同一行业的竞争对手来说，产品的核心价值是基本相同的，所不同的是在性能和质量上，在满足顾客基本需要的情况下，为顾客提供独特的产品是差异化战略追求的目标。中国在 20 世纪 80 年代是 10 人用一种产品，90 年代是 10 人用 10 种产品，而今天是一人用 10 种产品。因此，任何企业都不能用一种产品满足 10 种需要，最好推出 10 种产品满足 10 种需要，甚至满足一种需要。企业实施差异化营销可以从两个方面着手。

① 特征 产品特征是指对产品基本功能给予补充的特点。大多数产品都具有不同的特征，其出发点是产品的基本功能，然后企业通过增加新的特征来推出新产品。在此方面实施最为成功的当数宝洁公司，以其洗发水产品来讲，飘柔消费者的购买目的无非是去头屑、柔顺、营养、护发、黑发；与其相适应，宝洁就推出相应的品牌海飞丝、潘婷、

图 4.46 5100 西藏冰川矿泉水广告

沙宣、润妍。在开发其他品牌的产品时，宝洁公司也多采用此种策略。而另一个例子，5100 西藏冰川矿泉水强调来自西藏念青唐古拉山脉海拔 5100 米的原始冰川水源地（如图 4.46 所示）。

农夫山泉一则宣传广告语"我们不生产水，我们只是大自然的搬运工" 则强调其健康的天然水，不是生产加工出来的，不是后续添加人工矿物质生产出来的（如图 4.47 所示）。

恒大冰泉结合足球运动推出广告语"我们搬运的不是地表水，是 3000 万年长白山原始森林深层火山矿泉"（如图 4.48 所示），可见产品特征是企业实现产品差异化极具竞争力的工具之一。

② 式样 式样是指产品给予购买者的视觉效果和感受。以海尔集团的冰箱产品为例，其款式就有欧洲、亚洲和美洲的三种不同风格。欧洲风格是严谨、方门、白色表现；亚洲风格以淡雅为主，用圆弧门、圆角门、彩色花纹、钢板来体现；美洲风格则突出华贵，以宽体流线造型出现（如图 4.49~ 图 4.51 所示）。

图 4.47 农夫山泉广告

图 4.48 恒大冰泉广告

图 4.49　海尔欧洲风格冰箱　　图 4.50　海尔亚洲风格冰箱　　图 4.51　海尔美洲风格冰箱

2）服务差异化

服务差异化是指企业向目标市场提供与竞争者不同的优异的服务。尤其是在难以突出有形产品的差别时，竞争成功的关键常常取决于服务的数量与质量。区别服务水平的主要因素有送货、安装、用户培训、咨询、维修等。售前售后服务差异就成了对手之间的竞争利器。例如，同是一台电脑，有的保修一年，有的保修三年；同是用户培训，联想电脑、海信电脑都有免费培训学校，但培训内容各有差异；同是销售电热水器，海尔集团实行 24 小时全程服务，售前售后一整套优质服务让每一位顾客赏心悦目。

在日益激烈的市场竞争中，服务已成为全部经营活动的出发点和归宿。如今，产品的价格和技术差别正在逐步缩小，影响消费者购买的因素除产品的质量和公司的形象外，最关键的还是服务的品质。服务能够主导产品的销售趋势，服务的最终目的是提高顾客的回头率，扩大市场的占有率。而只有差异化的服务才能使企业和产品在消费者心中永远占有"一席之地"。美国国际商用计算机公司（IBM）根据计算机行业中产品的技术性能大体相同的情况分析，认为服务是用户的急需，故确定企业的经营理念是"IBM 意味着服务"。我国的海尔集团以"为顾客提供尽善尽美的服务"作为企业的成功信条，"通过努力尽量使用户的烦恼趋于零"、"用户永远是对的"、"星级服务思想"、"是销售信用，不是销售产品"、"优质的服务是公司持续发展的基础"以及"交付优质的服务能够为公司带来更多的销售"等服务观念，真正地把用户摆在了上帝的位置，使用户在使用海尔产品时得到了全方位的满足。自然，海尔的品牌形象在消费者心目中也越来越高。

海尔差异化服务的本质就是创新与速度，通过不断推出创新模式，通过在行业第一实现服务升级，实现服务的差异化。而服务的差异化也不单单是形式的差异化、理念的差异化，而是在以用户为出发点，用户需求差异化变化而不断创新来满足，因此服务的差异化本身也是企业对市场认知度与企业战略调整的反应。

3）形象差异化

形象差异化是指通过塑造与竞争对手不同的产品、企业和品牌形象来取得竞争优势。形象就是公众对产品和企业的看法和感受。塑造形象的工具有：名称、颜色、标识、标语、环境、活动等。以色彩来说，柯达的黄色、富士的绿色、乐凯的红色；百事可乐的蓝色、非常可乐的红色等都能够让消费者在众多的同类产品中很轻易地识别开来（如图4.52所示）。

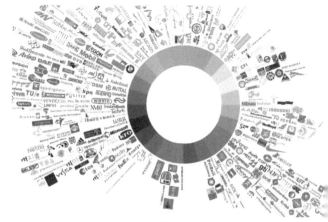

图4.52 全球品牌标志色彩系统分类

再以中国酒类产品的形象差别来讲，茅台的国宴美酒形象、剑南春的大唐盛世酒形象、泸州老窖的历史沧桑形象、洋河的中国梦形象以及劲酒的保健酒形象等，都各具特色。消费者在买某种酒的时候，首先想到的就是该酒的形象；在品酒的时候，品的是酒，品出来的却是由酒的形象差异带来的不同的心灵愉悦（如图4.53~图4.57所示）。

在实施形象差异化时，企业一定要针对竞争对手的形象策略，以及消费者的心智而采取不同的策略。企业巧妙地实施形象差异化策略就会收到意想不到的效果。

图4.53 茅台的国宴美酒形象

图4.54 剑南春的大唐盛世酒形象

图4.55 泸州老窖的历史沧桑形象

图4.56 洋河的中国梦形象

图 4.57　劲酒的保健酒形象

▶ [案例] Zappos 纯线上售鞋模式

图 4.58　Zappos 标志

在美国，一个华人小伙儿开设的网络鞋店声名鹊起，堪称"家喻户晓"；2007 年的销售额超过 8 亿美元，占美国鞋类网络市场总值 30 亿美元的四分之一强，被称为"卖鞋的亚马逊"。这位而立之年的华人小伙名叫谢家华，他开设的网络鞋店就是"Zappos"。Zappos 的名字来自西班牙语 zapatos，意思是"鞋子"（如图 4.58 所示）。

如图 4.59 所示，Zappos 在网上售鞋——一直售鞋，而且只在网上销售。是什么给了这个网络利基者优势呢？首先，Zappos 通过产品品类将自己差异化＝点击 Zappos 网站，你可以在 950 种品牌的 320 万种产品中选择——比任何实体鞋店做梦都想提供的品种还多。Zappos 还为用户提供便利仓库每周 7 天、每天 24 小时开放，所以用户可以在晚上 11:00 下订单，并于次日收到货。更重要的是，Zappos 以一种近乎疯狂的热情取悦它的顾客。"我们随时随地提供绝对是最好的鞋，"公司宣称，"不过对我们来说更重要的，是提供绝对最佳的服务。往返邮寄是免费的，而且你无法挑战该公司贴心的退货政策：如果鞋子合适，就穿；如果不合适，请退还，邮费我方支付。"所有这些做法使得满意的顾客众多。

网络利基市场为 Zappos 赢得了巨大的利润。虽然它只拥有总价值 400 亿美元的美国鞋市场份额的一小部分，但现在已是网络售鞋冠军。多亏了像帕梅拉·利奥这样的愉悦顾客，成立仅 7 年，Zappos 的销售额达到了大约 8 亿美元。2009 年 10 月，亚马逊以 12 亿美元的价格收购了 Zappos。

图 4.59　Zappos 官网

4.2.2.3　社会责任目标营销

通过明智地选择目标市场，企业能够通过将精力集中于它们最有能力满足需要，且盈利性最高的细分市场，从而取得更高的效率。目标市场选择对顾客也有利——企业可以根据顾客需求，精心设计供给物，提供给特定的顾客群。然而，目标营销有时也会引致争议和关注。最大的问题通常与富有争议或潜在有害的产品瞄准弱势、易受伤群体有关。

例如，香烟、啤酒及快餐营销人员由于近年来试图将目标锁定在城市的弱势消费群体而引发了很多争议。麦当劳和其他餐饮连锁店由于将高脂肪、高盐分的食物大肆推广给低收入的城市居民（比郊区居民更容易变成重度购买者）而备受指责。与此相仿，雷诺烟草公司（CR. J. Reynolds）在 20 世纪 90 年代初推出 Uptown——一种面向低收入黑人市场的薄荷烟一时也遭到炮轰。在公众的强烈抗议和黑人领袖的压力之下，它很快放弃了这个品牌（如图 4.60 所示）。

图 4.60　雷诺烟草公司

互联网和其他精准媒体的迅猛发展提出了潜在的滥用目标顾客的新问题。互联网提炼了观众群的纯度，从而使锁定目标更加精准。这可能会使问题产品或欺骗性广告更容易危害最弱势的受众。不择手段的营销者现在可以将专门制作的欺骗性广告直接寄给上百万不设防的消费者。例如，联邦调查局的互联网犯罪投诉中心网站仅上年就收到了超过 20 万起投诉。并非所有针对儿童、少数族裔或其他特殊细分市场的营销活动都会遭受批评。实际上，大多数营销活动会为目标顾客提供利益。例如，高露洁向儿童提供丰富的牙刷品种及不同口味和包装的牙膏——从高露洁芭比、Blues Clues 和 SpongeBob SquarePants Sparkling Bubble Fruit 牙膏到高露洁 LEGO BIONICLE 和街头美少女牙刷。这些产品使刷牙变得更有乐趣，从而让孩子们花在刷牙上的时间更长、频率更高（如图 4.61 所示）。

图 4.61　高露洁芭比牙膏

图 4.62　American Girl 各式娃娃

美国女孩（American Girl）开发了其受到高度赞誉的娃娃和图书的非裔版、墨西哥版、美洲印第安版以瞄准少数族裔消费者市场（如图 4.62 所示）。

因此在目标营销中，问题不在于将目标认定为谁，而是如何寻找目标和为什么。当营销人员试图以目标市场为代价获得盈利，即当他们不公平地将目标针对弱势群体，或以问题产品和欺骗手段瞄准弱势群体时，争议就产生了。社会责任营销需要不仅为企业利益服务，还要为目标群体的利益服务的市场细分和目标市场选择。

4.2.3 营销 STP——市场定位

除了决定将目标定在哪些细分市场外，企业还要确定其价值主张——如何为目标细分市场创造差异化的价值，及在该细分市场占据怎样的地位。产品定位（product position）就是以消费者对重要属性的感知——相对于竞争品而言本产品在消费者心中的位置来定义产品的做法。"产品是在工厂生产的，但品牌是在消费者心中形成的。"一位定位专家如是说。

汰渍定位于强力去污、适合各种用途的家庭洗涤剂；Ivory Snow 定位于精细织物和婴儿服装的温和洗涤剂（如图 4-63 所示）。

图 4.63　Ivory Snow

在赛百味餐厅，你"吃的新鲜"（如图 4.64 所示）。

图 4.64　赛百味餐厅

Olive Garden 让你"宾至如归"(如图 4.65 所示)。

图 4.65 Olive Garden

而在汽车市场上,日产 Versa 和本田飞度定位于经济节约,梅赛德斯和凯迪拉克定位于豪华,保时捷和宝马定位于性能,沃尔沃定位于安全。丰田将其省油、混合动力的普锐斯定位于能源短缺的高科技解决方案。

消费者生活在产品服务信息过剩的时代,他们不可能在每次进行购买决策时都重新评估产品。为了简化购买过程,顾客会对产品、服务和企业进行归类,并将它们"定位"在自己心中。一项产品的定位是顾客将本产品与竞争产品相比,获得的对本产品的认知、印象和感觉的综合体。

无论有没有营销人员的推动,顾客都会对产品定位。但营销人员不希望看到自己无法控制的产品定位,因此必须规划能在选定的目标市场中给他们的产品带来最大优势的定位,还必须通过设计营销组合来创造和强化计划中的定位。

4.2.3.1 目标人群的定义

人是复杂的高等生物,研究人绝不是一件容易的事情。高效而优秀的设计是以正确的方式从正确的人获取正确的信息。正因如此,发现并了解目标人群是设计研究必不可少的环节。

当我们思考该如何描述目标人群的时候,脑海中会浮现许多方式和衡量标准。然而它们大致能分为三个方面:身份、文化和价值观。身份是人的基本说明,比如性别、种族、年龄和职业。这些描述都十分清晰与客观,可以经常被人们用作统计数据。人口统计学研究是有关身份数据的最佳途径。文化是一系列描述人与群体之间关系的因素,包括目标人群的传统、国籍、社会规范和宗教。有关文化的描述主要来源于民族志研究。最后,价值观与个体因素和群体因素有关:一个人是如何思考与感知的?渴望什么?如何决策？对于价值观往往使用心理学的研究方法（如图 4.66 所示）。

图 4.66　目标人群如何定义

（1）人口统计学

这是可以被量化的特征，包括一个人基本的资料信息。这些相关的信息对于设计师有所帮助，主要包含如下内容（表 4.1）。

表 4.1　人口统计学量化因素

性别	家庭中有固定收入的人数
年龄 人种	雇主 拥有或租赁的房产
种族	在产品 / 服务方面的支出
教育水平	使用 / 购买该产品 / 服务的频率
婚姻状况	
家庭规模	
收入水平	

（2）民族志的研究

民族志也可以称为"区域研究"或"案例报告"。民族志研究关注整体，要求人们在他们的自然环境中进行实际的研究，而不是通过实验的方式。

多数有关民族志的研究都是通过直接研究人的日常行为获得的，往往由人类学家和社会学家来进行这一类研究。作为研究实践的一部分，设计师也逐渐参与到民族志的研究中。美国平面设计协会（AlGA）与Cheskin合作，Cheskin是一家设在加利福尼亚的顾问公司，他们共同在2008年的AlGA大会上发布了《民族志基础研究》报告 An Ethnography Primer。报告鼓励设计师采纳民族志方法作为专业服务的一部分，或者作为对自身知识的补充。一些设计师甚至把民族志研究称作"设计的基础性研究"。民族志剖析了一个人的文化、信仰和价值观。人与人交流时使用什么样的语言与手势？文化的精神本质是什么？将这些数据转变为设计时就能回答下面的问题：目标人群的世界观是什么？世界观如何影响和指示目标人群的思考和行为（如图4.67所示）？

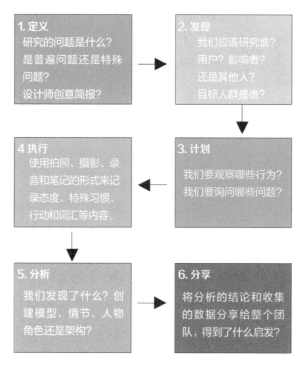

图4.67　An Ethnography Primer 基本研究方法

从事民族志研究要求研究人员具有耐心，并且具有敏锐的洞察力，一丝不苟地记录自己所看到的一切。最终获取的信息必须经过仔细检查与分析，确保结论真实而有意义。通过民族志的研究发现机会，并且预测趋势，让设计师了解目标人群如何看待他们自己。

（3）消费心理学

除了前面介绍过的民族志，还可以通过消费心理学的研究方法来定义目标人群。消费心理学探讨消费者的动机，即行为的原因。这一类的信息研究包括以下方面。

1）人格类型（如图4.68所示）

消费习惯

目标和期待

特殊的兴趣爱好

生活方式的选择

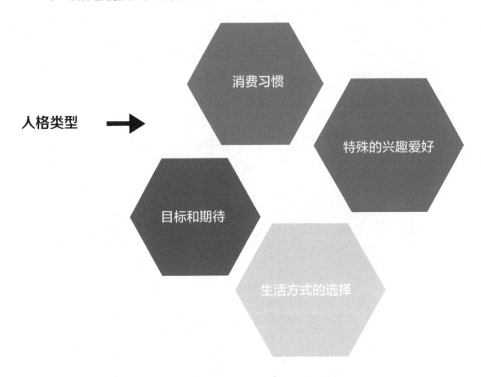

图 4.68　人格类型

消费心理学的研究方法很多，常见的包括正式的问卷调查、虚拟或现场焦点小组，以及各种数据收集与分析的软件。可以快速归纳消费者的数据，并进行分类，匹配相应的消费者类型。

2）消费心理学的优势

帮助找到消费行为中的情感因素

根据活动、兴趣与观念三组变量组合来区分消费者

帮助理解产品或服务与消费者之间的共鸣点

展现消费者购买产品或服务的倾向性

3）消费心理学的劣势

研究费用高

某些产品或服务的目标人群具有典型性，因此需要大规模的消费群体的研究做证明

研究太过复杂，由于缺少合理的理论基础而受到质疑

4）价值观与生活方式的分类

消费心理学研究帮助我们找到最适合客户产品或服务的目标消费者。合理的消费者心理学研究告诉我们消费者是谁，以及他们的需求和喜好。斯坦福研究学院（Stanford Research Institute，SRI）在 1978 年创立了一套消费者分类系统，称作 VALS（Values and Lifestyles），将消费者细分为八种类型。图 4.69 为对八种消费类型详细的描述。

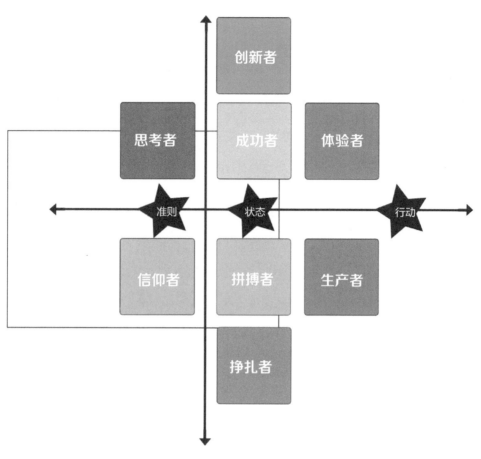

图4.69 价值观与生活方式的分类

① 创新者

成功而富有

开放且喜欢尝试新的改变

善于接纳新想法、新技术和新方法

积极的消费者

对高级的产品或服务感兴趣

② 思考者

容易满足的、具有反思性、目的明确

好相处，受过良好的教育

成熟，反思购买行为，关注价值规则、知识和责任

在做决定的过程中，对信息做出积极的选择

保守而实际的消费者

关注（产品的）可用性与功能性

③ 成功者

以事业为导向

避免风险，倾向于可预测的、稳定的、自始至终的状态

传统的生活，对现状满意

保守并且尊重官方

积极的消费者

注重形象，喜欢名牌，彰显成功的身份

④ 体验者

冲动、年轻、标新立异

激情而富有冒险精神

狂热的消费者

在时尚、娱乐和社交方面的开销占据收入的大部分

注重光鲜的外表，拥有潮物

⑤ 信仰者

原则性强、忠诚度高

传统，尤其表现在家庭、宗教和民族等方面

可被预测的消费者

选择熟悉的产品和信得过的品牌

⑥ 拼搏者

收入有限

寻求认可，关注他们的观点

时髦，并且爱好玩乐

以成功为驱动力，以金钱定义成功

喜欢流行产品，这些让他们感觉比实际富有

⑦ 生产者

以行动为导向，自我满足，喜欢 DIY

以自我表现为动机

在传统家庭的环境中成长

关注实际或功能而不是物质本身

相对于外在表现而言更看重本质价值，青睐基础性服务和产品

⑧ 挣扎者

经济拮据，底层人群

勉强维持生活

关注即时的满足

仅仅选择熟悉的产品

安全性和私密性是第一需求

由于收入十分有限，首要满足基本需求，而不是期待与愿望

▶ [案例]　Ad.Focus 瀚宣互动，玛丽黛佳限量版派对

（1）传播运动策划实施背景

玛丽黛佳作为新生代彩妆品牌，在业界开创自己的跨界艺术展。它勇于追求生活的本真艺术，试图打破传统艺术和美学理念的束缚，通过吸纳不同艺术领域的精髓，创造出一种新的但又不等同于现代流行的大众艺术风格，实现将纯艺术与彩妆的实用艺术完美跨界融合。以卓越品质为标准，以完美妆效为追求，研发生产出最具高性价比的优质彩妆产品，以其亲切的价格和卓越的品质，为帮助有知性追求的魅力女性实现自信魅力的人生。而在消费市场，多数消费者对玛丽黛佳这个品牌并不熟悉和了解（如图 4.70 所示）。

图 4.70　玛丽黛佳标志

图 4.71　"寓言"产品推广图

为此派对定位在 2014 年 5 月艺术展以及夏季限量版"生如夏花"之后。11 月携带秋冬"寓言"系列限量版，再次掀起彩妆与艺术届热潮以及博得媒体的关注。本次艺术展将带领用户穿越浮城，穿越亘古洪荒，开启一场时光的色彩剧场。这样可吸引更多的消费者关注玛丽黛佳，提高产品知名度（如图 4.71 所示）。

（2）创意核心

玛丽黛佳借由第四届跨界艺术展，推广 2013 年的秋冬"限量版"化妆品"寓言"系列。她们便借由"限量版"三个字，提出了"限量版派对"的概念，通过官方开展一次限量版鸡尾酒会。

从会场布置开始，即充满色彩感、设计感与现代感，相信每个人看了都会有不一样的感觉。

精致的邀请函，限量版的胸针隐藏在流沙之中，当受邀者亲启细沙礼盒之际，沙砾从手中流过，如何抓住它存在的痕迹呢？别出心裁的创意深深抓住了消费者的心，想要一探究竟。

原来生命是一场寓言，所有的故事或可被沙漠掩埋，唯有沉淀的色彩记录了流年的精彩……灵感就此迸发，限量版以"寓言"为题，讲述一段有关生命的色彩故事，结合线上官微开展活动，让消费者也可参加此次派对，第一时间体验最新彩妆。当然，玛丽黛佳也不会冷落外地的玛粉，参与官微活动的，也会有意外惊喜，获得全球限量版产品；同时众多红人、版主、达人在论坛发布论坛帖，介绍此次限量版产品的优势、设计理念，在消费者中口口相传，增强了产品的曝光率。

结合线下限量版鸡尾酒会的活动，引出：从未有彩妆，如此雕琢。展现玛丽黛佳的独具匠心，为了契合产品的主题以及品牌的理念，携手艺术团体八股歌、现代舞编舞大师侯莹、新锐艺术家陈天灼、首饰设计师张小川、UNMASK 小组成员刘展等 9 位不同领域的当代新锐艺术先锋 &1 位"隐形"艺术设计师共同演绎这场关于生命、色彩的寓言故事；同时会场内还出现大量浓妆艳抹、身着奇装异服并且佩戴古怪配饰的人，让消费者感受玛丽黛佳带来的色彩故事（如图 4.72 所示）。

图 4.72　派对明星

图 4.73　模特造型图

（3）营销传播运动目标

制造热点事件，通过"限量版"关键词，在玛丽黛佳 after party 中制造亮点，通过网络二次传播，引起话题讨论，引起网友关注，提升品牌曝光度。

提升玛丽黛佳品牌曝光率，在艺术展以及限量版上市期间，吸引更多人关注。

短时间内，对限量版寓言结合艺术展进行二次传播，加强推广范围。

制造对品牌正面以及有力的舆论导向，使用户对推出的限量版产生珍贵、精致的印象，促使其有购买及拥有欲望。

（4）传播策略及实施（含媒体投放类别及其他类型传播行为、投放额度等）

本次的推广传播，分为"线上"以及"线下"两个部分。而整个产品推广期，则分为了三个阶段。

① 第一阶段　瀚宣互动按照限量版的主题，邀请了知名的设计师以及化妆师，对于线下限量版派对的模特进行契合主题的服装设计以及妆容设计。独具匠心的创意，"精雕细琢"的彩妆，深深抓住了消费者的眼球（如图 4.73 所示）。

② 第二阶段　在活动正式开始之时，瀚宣互动邀请了 5 位模特至现场进行作为喜爱"玛丽黛佳"产品的时尚达人共襄盛举，参与了玛丽黛佳第四届跨界艺术展的全过程。而模特身上的服装以及发型，则全部添加了玛丽黛佳彩妆包装设计元素，以及所要推广的新"限量版"彩妆包装的"锁扣"、"金色"、"流苏"、"色彩艳丽"等关键词元素。另外，瀚宣互动邀请了专业摄影师做了全程的拍摄。

③ 第三阶段　在活动结束之后，瀚宣互动对现场活动所采集的图片资料，在玛丽黛佳的官方微博上进行二次编辑，甚至在外围平台上进行本次艺术展以及限量版的话题炒作。将限量版中造型前卫时尚的限量版造型达人关联到玛丽黛佳品牌上，让网友对于玛丽黛佳的新品限量版彩妆产品有深刻印象。

（5）效果说明

通过本次用玛丽黛佳"限量版"所引发的线上、线下的配合炒作，产品"寓言"的大量曝光使整个传播营销期间，"玛丽黛佳"这个品牌的百度搜索指数达到了一个峰值。说明在艺术展结束之后，通过官微的互动、媒体的二次传播、红人以及达人所引发的效应，玛丽黛佳的品牌知名度得到了一定的提升，产品得到了大量的曝光、得到了更多消费者的关注。这让更多的消费者认识了品牌，而限量版的产品更是深入消费者的心中（如图 4.74 所示）。

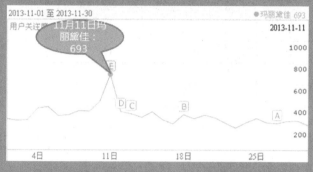

图 4.74　百度搜索截图

4.2.3.2　定位图

在差异化和定位战略规划过程中，营销人员通常会准备一幅认知定位图。该图将展示顾客对某品牌相对于竞争产品在重要的购买参数上的认知。图 4.75 是美国大型豪华运动型多功能汽车（SUV）市场的定位地图。图中每一个圆圈的位置表示品牌在两个维度（价格和导向——豪华还是性能）上被顾客认知的定位，每一个圆圈的大小代表该品牌的相对市场份额。

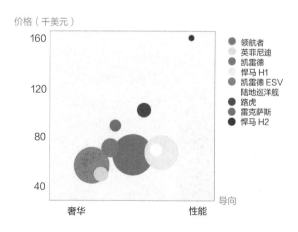

图 4.75　大型豪华 SUV 的定位图

由此可以看到，顾客将原装悍马 HI（右上角的小点）视为货真价实的高性能 SUV。市场领先的凯迪拉克凯雷德定位于价格适中、奢华和性能均衡的大型豪华 SUV。凯雷德的特点是都市豪华，而且其"性能"意味着马力和安全性能。你会发现，在凯雷德广告中从没提及越野探险（如图 4.76 所示）。

图 4.76　豪华陆地游艇　凯迪拉克凯雷德

相反，路虎和丰田陆地巡洋舰定位于奢华的越野体验（如图 4.77 所示）。

图 4.77　路虎

图 4.78　丰田陆地巡洋舰

例如，丰田陆地巡洋舰在 1951 年初创时，是一种以征服世界上最崎岖地带和恶劣气候为目的的四轮驱动吉普车。近年来，陆地巡洋舰保持了探险和高性能定位，同时增加了奢华要素。陆地巡洋舰广告将车身置于危险环境中，暗示它还会挑战更广阔的天地——"从死海到喜马拉雅山，"企业网站说，"强悍的 VVT iV8 将提醒你为什么陆地巡洋舰在全世界创造了神话。"然而丰田公司说，"它的免提蓝牙技术、DVD 娱乐设备和豪华的车内空间将它的棱角柔性化了"（如图 4.78 所示）。

第 5 章

产品价值的实现
——设计营销的中心载体

5.1 新产品的分类与特点

开发、设计、研究新产品的目的和本质是为人类服务，提高人们的生活质量。对企业来说，开发新产品主要在于销售，而销售的目标是消费者，最终决定命运的也是消费者。因此，不能满足消费者的需求和利益的商品，就不是优秀的新产品。不管何种定义，新产品必须是：

① 反映新的技术开发。

② 敏感地反映时代的变迁。

③ 反映广大消费者新的欲望和需要。

④ 有新的创造性的构思、功能等，给消费者以方便性和意外性。

⑤ 便于生产并能有利于企业在市场上开拓独特的销售渠道。

现代意义的新产品的开发是指产品的创新和将产品的要素合理组合，以获得更大效益的全过程的活动。新产品的开发包括了产品的规划、产品从构思到试制、生产和销售，以及产品的品牌策划等方面的活动。

5.1.1 新产品的分类

为了使各部门在进行新产品开发设计时，对产品开发设计能有计划、有组织地进行，有必要对新产品进行分类，以明确设计的职责和权限，使工作更加有效地开展。

（1）根据产品目标分类的新产品（表5.1）

表5.1 根据产品目标分类的新产品

技术尺度		现行技术（水准）	改良技术	新技术
市场尺度的内容	靠公司现有的技术水平来吸收		充分利用企业现有的研究、生产技术	对企业新知识、新技术的导入，开发应用
现行市场	靠现有市场水平来销售	现行产品	再规格化产品	代替产品
			就现行的企业产品，确保原价、品质和利用度的最佳平衡的产品	靠现在未采用的技术比现行制品更新而且更好、规模化了的产品
强化市场	充分开拓现行产品的既存市场	再商品化产品	改良产品	扩大系列产品
		对现在的消费者群增加销售额的产品	为了提高更大的商品性和利用度，改良原有产品来增加销售额	随着新技术的导入，对原有使用者增加产品系列
新市场	新市场新需要的获得	新用途产品	扩大市场产品	新产品
		要开发利用企业现有产品的新消费者群	局部改变现有产品来开拓市场	在新市场销售由新技术开发的产品

（2）根据研究开发方法分类的新产品（表 5.2）

表 5.2　根据研究开发方法分类的新产品

1	追求目的型新产品	对问题或开发目的，应该做什么、能做什么，以此探究解决的方法和技术，用这种方法来开发新产品
2	应用原理型新产品	就成为问题的地方，从根本上探究其机构和原理，利用研究的结果和知识创造的新产品
3	类推置换型新产品	将其他新产品中所应用的知识、法则、材料及其智慧经验等成功的例子应用于自己所考虑的产品中，用这种方法开发的新产品
4	分析统计型新产品	不是来自计划性的研究成果，而是综合汇集由经验和自古以来的知识等统一性事实，将其结果应用开发的新产品（不是实验计划的数据，而是凭借现有数据解析的方法）
5	技术指向型开发	这是以研究人员的技术兴趣和关心为主题，决定应开发什么产品，是一种从企业方面的观点来开发的方法，这种情况要求在较狭窄的领域中提高质量的信息
6	市场指向型开发	这是以市场信息为基础的经营者对市场的兴趣和关心为主题，决定应开发什么产品的方法，这种情况要求在较广的领域中收集大量信息

（3）根据研究开发过程分类的新产品（表 5.3）

表 5.3　根据研究开发过程分类的新产品

创新型产品	指采用了新的原理、新的技术、新的材料、新的制造工艺、新的设计构思而研制生产的，具有新结构、新功能的全新型产品。这种类型的产品往往与发明创造、专利等联系在一起	具有明显的技术优势和经济优势，市场上的生命力较强。但开发中需要大量的资金和时间，而且市场风险比较大，需要建立全新的市场销售渠道。 根据调查，创新型产品只占市场新产品的 10% 左右
更新换代型新产品	指应用新技术原理、新材料、新元件、新设计构思，在结构、材质、工艺等某一方面有所突破，或较原产品有明显改进，从而显著提高了产品性能或扩大了使用功能，并对提高经济效益具有一定作用的产品	具有一定程度的本质变化和一定的技术经济优势，产品的性能上有重大的改变；外部造型有比较大的改观产品的功能及使用方便性上有比较大的改进。更新换代型新产品在开发的资金、时间、工作难度上都要比创新型产品小，在市场销售上往往不需要建立全新的市场销售渠道。 根据调查，更新换代型产品占市场新产品的 10% 左右
改良型新产品	指对原来的产品在性能、结构、外部造型或者包装等方面做出改变	在功能上、结构上、造型形态上相对老产品都呈现出新的特点。开发的难度相对比较小，在销售上往往不需要建立新的市场销售渠道。 根据调查，改良型产品占市场新产品的 26% 左右

系列型 新产品	指在原来的产品大类里，开发出来新的品种、新的花色、新的规格，是对老产品进行系统的延伸和开拓	此类别的新产品与原来的大类别产品工作难度差异性不大，需要的开发资金、时间和开发的难度都要比新的产品小，不需要建立全新的市场销售渠道。 根据调查，系列型产品开发占市场新产品的26%左右
降低成本型新产品	指对原来的产品利用新科技，改进生产工艺或者提高生产效率，降低生产成本，但是保持原来功能的产品	降低成本型新产品的开发所需要的开发资金和时间，以及开发的工作难度都要比开发创新型的产品小，不需要建立全新的市场销售渠道。 根据调查，降低成本型产品开发占市场新产品的11%左右

5.1.2 新产品的特点

（1）先进性

从技术上，新产品由于在一定程度上应用了新的科学技术、新的材料、新的工艺、新的原理，所以大多数具有了新技术的特征。从消费者来讲，由于新产品具备了新的结构、新的功能，更加能适应消费者的需求和社会发展的需求。所以，新产品与以前的产品相比较，商品价值（即满足人们的需求欲望）大幅度提高。

（2）时效性

任何新产品都要随着消费者的需要、产品的市场周期和使用条件的变化而变化。产品本身也会随着时间的推移而消亡，产品使用条件和空间也将随着时间的推移而变化，这一切都说明新产品具有一定的时效性。

（3）独特性

任何新产品都具有独特的加工工艺、独特的结构、独特的材料、独特的造型形态、独特的使用方法。在进入市场后要满足一定的消费层或者满足一部分人的个性需要，即在商品功能、材料、技术、造型等方面具有先进性和独创性。

（4）系统性

新产品的诞生要求企业内各个部门的密切配合，如研究开发部门与生产、销售部门的配合。新产品的实现还必须依赖外部环境的密切配合，包括经济、政治环境及其他相关产业的技术水平发展等因素。

·5.2 新产品开发的成功与失败

5.2.1 新产品开发成功与失败的标准

以一般化的技术为前提开发新产品，其所需时间为半年至一年。企业依照市场环境、消费者取向变化的不同，预测产品周期，并策划商品。而"点子"商品化之前所进行的"Innovation—Invention+Commercialization"会随着企业内外环境与状况的不同，受制于许多阶段性因素。内部有营销、设计、技术、生产及营业等各个部门相互合作，外在则需考虑消费者的市场需求及变化、经济情况等，有时也会因无法预测的变量而影响开发新产品的进行。

有很多方法可以衡量上市的商品成功与否，但几乎所有人皆能够有所共识的就是投资收益率（Return On Investment，ROI）。这与无法以数字量化的品牌无异，其无形价值提升了企业的利益。而它在标准化作为评量企业基准的时代，虽然大家都同意设计是提高品牌战略的核心力量，就策划层面而言，仍偏向从销售率及收益率来判断产品的成功与否。

站在设计者的立场，判断商品成功的标准如同先前所提到的，必须考虑到无形层面，以获得"Good Design"的殊荣，贡献品牌形象的提升；还有有形的层面，为创造实质的销售收益，提高投资收益率。

必须抓住设计经营管理（Design Management）策略上的两大重点。这是由于必须考虑到公司长期的展望及短期的收益。毫无设计策略就贸然进行设计的话，那只是将新产品的命运交给老天，终会引发不负责任的结果（表 5.4）。

表 5.4　新产品成功和失败的因素

成功因素	项目	失败因素
符合消费者要求与需要 考虑消费者倾向改变 有效运用消费者不满意项目	消费者	不符合消费者要求与需要 消费者倾向改变 关注消费者不满意项目
有市场竞争力的产品 预测趋势并做准备 Time to market 应付新环境	营销	市场竞争白热化 过时的产品 推出不合时宜的产品 环境条件的变化（经济情况、原料费用上涨等）
优越的技术 管理指挥财产权（IP） 弹性应用新技术 R&D 顺利进行 排除不必要的危险因素	技术	一般的技术能力 不重视智慧财产权 (IP) 不重视新技术的来袭 R&D 要求项目的不完整 分散不必要的危险因素
可接纳的决策 流程缩减 品质管理及提升 成本删减、价格竞争力提升 产品设计内容延续 创新	流程	决策困难 流程延迟 品质管理不熟悉及不佳 成本上升、价格竞争力下降 产品设计内容变质 妨碍创新的条件

成功因素	项目	失败因素
正面的内部竞争环境 发掘并活用适合的企业优点 发掘潜力 确保财政、预算 与其他部门顺利沟通的文化	组织	负面的内容竞争环境 企业的优缺点分析不完全 无心思开发潜力 无规划财政、预算 与其他部门的意见沟通不顺利

5.2.2　设计是新产品成功和失败的关键

新产品的成功与否很难单纯地用几个因素来断定。那是因为新产品的开发是通过数个进行阶段及各部门的合作，所导出综合性的努力结果。以上表格所整理出的各项因素，不仅能够分析产品的成败，也能当作准备成功产品的确认清单（Checklist）来活用。消费者、营销、技术、流程及组织的领域，所考虑的各种因素，有如铜板的正反面一样，一体两面，虽然可能成为引发失败的危险因素，但也会成为成功的机会因子。

设计的新产品开发时，不能只有在某一领域的领导（Leadership）独占整头。在各种条件、状况与领域之间的"合作创新（Collaborative Innovation）"，其发展程度才是关键。由各部门、组织、各阶段进行的过程中，设计在引导成功的合作方面扮演了相当重要的角色。这是因为从商品策划阶段开始，经过技术开发、量产，到宣传为止，设计始终为唯一的存在，与所有产品诞生的过程紧紧相关。设计之所以能够完整掌握所有过程，以统合性观点视之，是因为它发挥了桥梁的功能，连接提供革新契机的创造性点子和各个领域。因此，新产品的成败标准，正是在于伸缩自如的领导力引导项目，以及设计者肯负责任的活动与意识。

作为产品开发的代表性流程，Cooper博士被广泛运用的"阶段—关卡流程（Stage-gate）"，相当重视决定实行与否的决策的系统阶段，这一直线概念相当强烈（如图5.1所示）。

图5.1　Cooper博士的阶段—关卡流程

若参考美国知名设计咨询公司 IDEO 的设计流程图，就能得知设计是以具有无限可能的伸缩性及融通性的方法来引导流程的进行（如图5.2所示）。代表复杂又剧变的技术，消费者与市场环境的今天，积极活用以设计思考（Design Thinking）为基础的设计程序概念，对达成靠一般产品开发过程，以及凭一般途径方法所无法解决的革新方面会有所帮助。

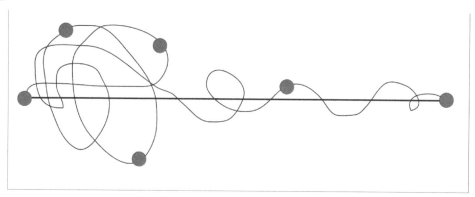

图 5.2　美国知名设计咨询公司 IDEO 设计程序

▶ [案例] ReadyMop，用新技术与设计把握市场先机

　　1999 年的家庭清洁产业几乎在一夜间改变。简单地说，那年一次性使用、清洗的干布拖被可以轮流更换和清洗的清洁拖代替，新的洗涤方式令清洁工作变得更简便。液体清洁剂公司高乐氏（Clorox）在这次变化中错失良机，但在 2001 年意识到市场出现了一些矛盾点，所以请设计公司 Ziba 帮助他们。

　　即使在 2001 年，如果洒在地板上的东西太脏，人们也无法用干拖把做清洁；宝洁公司推出的 Swiffer 这样的集成湿拖又太过昂贵、难以操作。高乐氏虽然没有传统制造业的经验，却开发出一种能够将污垢与油脂溶解的清洁剂，这种清洁剂干得非常快，又不会损伤地板表面。如果能提供一种轻型又不昂贵的湿拖系统，品牌便能赢得全新市场。意识到这个机会后，高乐氏给了 Ziba 公司 6 个星期的时间来使概念成真。

　　Ziba 的多学科研究团队包括设计师、工程师及研究者，他们进行了深度的用户研究及情境开发，访问了 30 多个家庭以观察这些家庭使用拖把的微环境，定义出 3 类明显的清洁类型：清洁危机、周打扫和年度大扫除。他们发现用拖把拖地存在一个主要障碍：笨重的脏水收集器——我们常用的水桶，以此为中心发散概念，可以简化拖地程序，为人们更自如地做清洁创造一样新工具（如图 5.3 所示）。

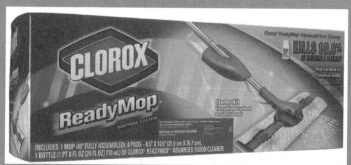

图 5.3　ReadyMop

　　在店铺研究环节，团队成员发现店员跑去堆积成山的水瓶处取扫帚、拖把甚至冬季铲——任何他们可以用来清洁泼洒在地上的液体与碎玻璃的工具。这个经验验证了早期发现的一个

结论：拖把所在的位置常常是脏乱的，人们极少有时间去进行拖地前的冗长程序，比如提水。

工程挑战集中在设计完美的方式来开启和使用清洁液。喷雾机制看起来合乎逻辑，但一个快速原型证明用户在喷涂行为中已形成强烈关联，即使有 3 英尺杆，喷涂也意味着一个清洁步骤，但高乐氏想开创的是一个可以应付所有地面情况的工具（如图 5.4 所示）。

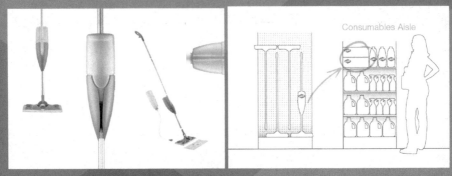

图 5.4　ReadyMop 细节设计

ReadyMop 被设计成可折叠的产品以便能装进一个盒子，这种方式可以节省储存空间。人体工程学手柄模仿真空吸尘器，为用户提供熟悉的操作姿势和控制模式。ReadyMop 的 4 个部分组合连接快速而牢固，没使用其他额外的工具或者连接器。重力流体允许 ReadyMop 无须使用发动机，也使它更轻、更便直，也易于维护。清洁解决方案是购买定制的瓶子插入 ReadyMop，清洗和拆卸清洗垫也更容易，只须压实拖把头上四个角落的眼盘。

高乐氏的 ReadyMop 产品进入市场时售价为 25 美元，竞争产品如宝洁 公司 Swiff 的零售价则超过 60 美元。它的电池也可自由拆卸，重量不足 1 磅。一个突出的优势是对于人口统计学意义上的主要清洁产品用户群——老年人和繁忙的家长来说，ReadyMop 开创出一个大而狂热的新市场，迫使竞争对手彻底重新思考自己的产品来回应挑战。

在 ReadyMop 投放市场后的季度，高乐氏公布其家庭产品部门的利润增长 79%，销量增长 70% ReadyMop 最终获得高乐氏历史上产品销售冠军，在第一年销售额超过 2 亿美元，10 年内排名稳居前十大消费产品之列。

5.2.3　新产品不成功的原因

对于快速消费品的企业来说，由于消费者需求的日益丰富与多样化，新产品的开发变得越来越重要。实际的市场营销过程中很多企业也的确把新产品的开发工作摆在了重要的位置，但为什么很多企业的新产品大部分没能够取得预期的成功呢？以下列举了其十大原因。

（1）新产品的诉求与消费者内心真正的声音相距甚远

随着市场经济的发展及竞争的加剧，市场上产品的种类已日益丰富，消费者的选择面也越来越宽广，产品能否最终被消费者接受的唯一标准就是该产品是否能够有效地满足消费者某一方面独特的需求！不能够真正满足消费者某种需求的产品即使包装再精美、价格再便宜，也终将会被市场所淘汰。同样，新产品的推出也必须是能够充分满足消费者的某种独特的需求。但实际的过程中，很多企业在新品推出之前并没有认真地对消费者的需求进行仔细的分析与研究，没有静下心来去真正倾听消费者的声音（voice of customer），而是仅凭企业自己的一个"灵感"或想法就确定了新产品的概念与诉求。产品的概念与诉求没有经过有效的测试，往往造成企业自己认为很不错的新产品的概念诉求与消费者内心真正的声音相距甚远！

（2）目标消费者的行为特征分析不够深入

营销的本质是为部分人提供服务。具体来说，企业的任何一款产品都不可能同时满足所有消费者的需求，都只能满足部分消费者的需求。换句话说，不同的产品对应的目标消费者是不同的，不同的消费者表现出了不同的消费特征与消费喜好。但在实际的市场营销过程中，很多企业推出新产品之前只是对新产品的目标消费者有个大概的描述，大部分的情况是企业仅仅界定了目标消费者的性别与年龄段，对于目标消费者的深度消费特征与消费喜好特点没有仔细地研究，比如目标消费者一天的生活轨迹是怎样的？目标消费者的业余爱好是什么？目标消费者一般在何时、何地、为何消费产品？等等。缺乏对目标消费者深度理解下推出的新产品自然就很难从真正意义上去打动目标消费者。

（3）新产品与企业的原有定位相差甚远

企业在发展的过程中总会给消费者留下一个相对固定的形象，即该企业是做什么的，主要生产哪种类型的产品。出于对消费者需求变化、竞争环境变化以及企业发展现状的考虑，很多企业开展了多元化或经营方向转型的战略，如做电脑的企业多元化开发农产品、卖糖果的企业转型发展饼干行业，企业推出的新产品与企业原有的产品类别相差甚远，自然就会大大出乎消费者的意料。由于对企业根深蒂固的印象，目标消费者自然怀疑新产品的"专业程度"，接受程度自然也就打了折扣。

（4）企业品牌意识不够强烈

很多企业推出新产品的目的仅仅是增加销量，并没有将新产品做成品牌的意识或意识不够强烈。《易经》语："取法乎上，仅得其中，取法乎中，仅得其下！"意思是说如果我们制定了一个高的目标，实际只可能达到中等水平；如果制定了一个中等水平的目标，实际只可能达到低等水平！如果企业的新产品目标仅仅是增加销量而已，新产品最后的成功率自然就可想而知了！

（5）简单的抄袭与模仿

此条原因是国内企业最容易出现的新产品开发误区。很多企业根本没有市场调研也没有针对目标消费者的研究，往往是看到市场上什么产品好卖就推出类似的产品。企业推出的所谓新产品与市场上已经成功的同类产品相比，只是在包装或规格上有所不同，更有甚者就是"赤裸裸"的模仿与抄袭。实际市场营销中，最常见的现象就是大量的民营企业一味模仿照抄国外知名企业的产品类别、包装，规格等，在实际的产品推广过程中主要通过打价格战，低价竞争！所谓的新产品毫无新意可言，自然也很难取得成功。

（6）过分的标新立异

与简单模仿不同的是，很多企业为了追求新产品的"新"、"奇"、"特"，结果推出的新产品过分的标新立异。很多新产品包装的确是很新颖，也能够瞬间抓住消费者的眼球，但产品究竟是什么？产品的核心诉求点是什么？消费者却要仔细地看上半天才能弄明白。另一种情况是，很多新产品过分追求新奇或专业的概念诉求（如很多功能性食品借助科学性的语言来强调产品功能的诉求），但由于很多概念太新奇或太专业化，目标消费者对产品诉求的概念根本不知为何物，这样的新产品自然也只能是让消费者敬而远之。

5.2.4 确保新产品成功推广的"步骤"

当今时代，唯一不变的事情就是变化，创新是企业生命之所在，创新已经成为时代发展的主旋律。对白酒企业而言，开发新产品具有十分重要的战略意义，因为随着白酒行业竞争的日益白热化，企业要想在市场上保持竞争优势，只有不断创新，开发新产品，才能巩固市场，不断提高企业的市场竞争力，保持市场可持续发展。因此，新产品是企业生存与发展的重要支柱，是确保企业基业长青的有力武器；对于营销人员来说，推广新产品是提升业绩、增加收入、体现个人业务能力的有效途径；对于经销商和二批商来说，新产品是提高销量、增加利润、保证厂商双赢、保持市场可持续发展的有效办法。

然而，现实中往往很多企业投入了大量的人力、物力、财力研发的适合市场的新产品却在推广的过程中早早夭折了。为什么即使适合市场的新产品也会在推广的过程中夭折呢？事实证明原因如下。

凡是新产品推广较好的企业都有推进计划，并按计划一步步进行落实。而那些推广不好的企业则是将新产品分给客户就万事大吉，不再采取其他积极推进措施。

真正的销售是靠人来落实的，往往企业的销售人员和经销商会对新产品存在严重的抵触情绪。抵触的原因是，销售人员和经销商不愿意去费心费力推广新产品，他们都会把注意力集中在成熟产品做促销、迅速起量上，这样做既轻松销量提升也明显。

那么，企业要确保新产品成功推广应采取哪些步骤呢？

（1）确保销售队伍和经销商、二批商的关注度和士气、齐心协力推广新品，新产品上市前举办培训会，充分调动渠道中各个成员的积极性

提高销售人员、经销商、二批商的积极性，共同参与到新产品推广中，形成"三级联动"推动新产品推广的氛围。如向销售人员、经销商和二批商进行"新产品推广的重要性"宣导，向他们介绍清楚新产品的诞生思路、优势和利益点在哪里，具体的包装口味、价格描述是怎样的等，使渠道中各成员对新品的上市做到心中有数，增强信心。另外针对销售人员、经销商和二批商进行新产品上市各项过程指标的专项考核，加快新产品铺市速度，形成新品销售氛围，让他们明白"过程做得好，结果自然就好"，只要能把新产品推广过程中的各个指标（铺市率、陈列、促销、价格体系等）落实到位，新产品自然就会推广成功，销量自然也就好。如新产品在上市销售的过程中会有广告投放、铺货、经销商进货奖励、二批及零店促销、超市进店、消费者促销、销售人员开店奖励等一系列动作，新品上市计划要对每一项工作做出具体规划和安排，确保新产品推广的各项活动有条不紊地进行。具体要做到以下方面。

① 新品上市前召开所有销售人员、经销商和二批商新产品推广培训会。

② 对所有销售人员、经销商专门订出新品销量任务；

③ 日常销售报表和会议体现对新品销售业绩的格外关注，建立完善的业绩分析系统全程掌控新产品推广动态；

④ 上市执行期销售例会中新品业绩成为主要议题，对不能如期完成新品推广任务的市场要求做出"差异说明"并进行奖罚激励；

⑤ 举办销售竞赛（如新品销售冠军）对优胜者予以公开表彰和奖励；

⑥ 人员奖金考核制度，把新品销量达成从总销量达成中提出来单独考核；

⑦ 企业高层领导对新品推广不力市场亲自检核，指出工作漏洞并进行协助。

（2）确保经销商按照推进计划在规定的时间内以企业的进货标准进新产品，并且把新产品在正确的渠道分销

因为在实际推广的过程中，企业的销售人员和经销商往往凭自己的主观判断新产品不好卖，所以就一拖再拖不进货或者适当进点但是没有放到正确的渠道去销售，于是认为企业研发的新产品不好卖，肯定会影响新产品的成功推广。例如有一家白酒企业在新产品上市初期，对所有渠道人员召开了新产品推广培训会，也制订了详细的推广计划。可是在具体推广的时候，A经销商主观认为新产品不好卖，就迟迟不肯进货，经销商连新产品进都没进是不可能推广的；B经销商倒是按照企业的规定时间和数量进货了，可是把中高价位的新产品放到C、D类酒店和C、D类商超渠道销售，结果导致合适的产品没有放到合适的终端店销售，使得新产品动销缓慢，就反映企业的新产品不好卖。

（3）确保渠道中各成员对产品推广的指导、协助必须参与进去

就是经销商进货后要做到让销售人员下市场车上必须装新产品，拜访终端店时必须把新产品上市的信息告知终端店并把促销政策准确无误地介绍给终端店（卖新产品的利润比老产品利润大）。如C经销商是按照企业的要求进了新产品，可是新产品进了以后，每天业务员的送货车上不装新产品，业务员下市场也没有把新产品上市的信息告诉终端店，也没有把新产品的促销政策介绍给终端店，终端店也就不知道新产品上市的信息，更不知道销售新产品比销售老产品的利润空间大，结果导致新产品在该市场推广失败。因此渠道成员如果没有对新产品的指导、协助参与进去，就说新产品不好卖，新产品的推广肯定是不会成功的。

（4）确保新产品的价格体系

确保新产品按照企业规定的价格体系销售，因为这是企业经过大量的市场调查，根据市场的实际研发出来适合市场的新产品。因此在新产品推广的过程中必须检查经销商的出货价是否正确，有没有按照企业规定的价格执行；终端的零售价格是否正确，有没有按照企业规定的统一零售价销售。在实际推广过程中往往渠道成员擅自更改企业新产品的价格体系销售，结果影响新产品的推广，反倒说企业研发的新产品不适合自己的市场因而不好卖。如A企业的新产品在上市时制定的价格体系：经销商开票价为20元/瓶（经销商的利润来自于企业的返利），终端店开票价为20元/瓶，终端店零售价25元/瓶。但是在实际推广的过程中，经销商私自把终端开票价改成25元/瓶，终端店零售价改成35元/瓶，结果导致新产品的价格体系脱离了企业推广新产品打压竞品、抢占25元价

位市场占有率的目的，从而使得终端店感觉新产品的包材支撑不了 35 元／瓶的价位，使得新产品市场铺市率低动销迟缓，最终使得新产品在该市场推广夭折。

（5）确保新产品陈列和推销

要确保新产品按照企业的陈列标准陈列和确保终端店主动推销。因为在新产品研发阶段企业是经过大量市场调查的，从而确立新产品在该市场的竞争优势，在推广的时候制定相应的促销政策和陈列标准。因此在新产品推广的过程中必须确保按照企业规定的陈列标准做好柜台陈列，并且在维护的过程中不厌其烦地告知终端店新产品的优势和销售新产品的利润空间，以及销售新产品的奖励政策。如果陈列不合格，店主不知道销售新产品的利润和政策，那么新产品推广就不可能成功。

如 A 企业在新产品推广的过程中，渠道成员都反映新产品不好卖。结果企业派市场部人员去市场走访过程中发现，终端店是签了陈列协议，但是新产品有的在终端店的库房根本就没有摆上柜台；有的即使摆放在柜台，也不在明显位置。当问到终端店新产品是多少钱进的，卖多少钱，终端店也不知道，意味着终端店销售新产品都不知道比销售同等价位的竞品利润空间大，结果导致新产品在该市场推广迟缓。

（6）确保新产品的铺货率

铺货率检验是新品上市成功的基础。铺货率达不到一定水平，评估新品接受度就根本没有意义，因此必须确保新产品在市场上达到规定的铺市率（低于 60% 的铺市率是很难判定新产品是否适合该市场的）。如某企业在新产品推广的时候，经销商是打款发货了，结果经销商在新产品推广的时候，只把新产品放到跟他关系特好的几家终端店销售，因为这些终端店在吃独食，所以他们零售价卖得很高。结果导致新产品在该市场没有形成一定的市场占有率，从而使得市场影响力低。

（7）确保力所能及的掌控的终端售点数量的铺市率

所谓力所能及的终端网点的铺市率，就是指该终端店和经销商的客情关系很好，一直在销售经销商的其他产品，却没有销售新产品。如果此类终端都不知道新产品上市信息和销售新产品政策等或没有进货，证明经销商根本就没有推广新产品。如某经销商一直抵触说新产品不适合自己的市场，终端店不接受新产品等，结果企业高层亲自到该市场走访并和终端店沟通，了解到不是新产品不好卖，而是经销商就没有把新产品的优势和促销政策准确无误地介绍给他们。

（8）确保新产品推广员工的奖金制度执行到位

企业在新产品推广初期都会制定推广新产品的特殊政策，如对销售人员销售新产品提成比销售老产品高、新产品进店有开店奖励等，要确保让经销商的员工知道这些政策。如果经销商的员工不知道这些激励政策，肯定不会去推新产品。如某企业在新产品推广初期针对经销商的员工制定了相应的激励政策，但是经销商自己在实际推广的过程中把企业的激励政策克扣了，使得员工在新产品的推广过程中没有积极性，导致新产品推广迟缓。

事实证明：要确保新产品成功推广，就必须制订严格的推进计划，并且不折不扣地按照推进步骤去执行。

第 6 章

品牌价值的实现
——设计营销的核心追求

导入一个品牌是在公司中普及设计最有效的方法之一。如果品牌被很好地发展并令人信服，将会在消费者中形成品牌忠诚并获得回报。设计是取得一致性的关键：它将不同的功能、产品及服务信息、营销和支持性传播、员工行为及外表、表现公司形象及业务（无论数字的还是现实的）结合起来。

通过品牌开发和定位形成差异化不仅表现在图形识别上，导入品牌是管理者把设计整合进公司的首要理由。设计职业同品牌开发一起成长，尤其是在包装设计领域。

根据美国营销协会（American Marketing Association）的定义，品牌不仅仅是"销售人员区别于竞争对手而为产品或服务所起的名字、术语、符号、设计或它们的组合"。品牌是所有使产品独特的特征的总和，无论其是有形的还是无形的。品牌是一系列在交流和体验中获得的认知总和，是独特的符号、标志和附加值的源泉。

· 6.1 品牌定位

品牌定位是指企业在市场定位和产品定位的基础上，对特定的品牌在文化取向及个性差异上的商业性决策，是建立一个与目标市场有关的品牌形象的过程和结果。换言之，即指为某个特定品牌确定一个适当的市场位置，使商品在消费者的心中占领一个特殊的位置。当某种需要突然产生时，随即想到的品牌，比如在炎热的夏天突然口渴时，人们会立刻想到可口可乐红白相间的清凉爽口（如图6.1所示）。品牌定位的理论来源于"定位之父"、全球顶级营销大师杰克·特劳特首创的战略定位。

图6.1 可口可乐红白相间的清凉爽口

品牌定位是品牌经营的首要任务，是品牌建设的基础，是品牌经营成功的前提。品牌定位在品牌经营和市场营销中有着不可估量的作用，是品牌与这一品牌所对应的目标消费者群建立了一种内在的联系。

品牌定位是市场定位的核心和集中表现。企业一旦选定了目标市场，就要设计并塑造自己相应的产品、品牌及企业形象，以争取目标消费者的认同。由于市场定位的最终目标是实现产品销售，而品牌是企业传播产品相关信息的基础，还是消费者选购产品的主要依据，因而品牌成为产品与消费者连接的桥梁，品牌定位也就成为市场定位的核心和集中表现。

品牌定位必须考虑三个基本问题。

定义：公司怎样定义它的业务？

差异化：怎样形成品牌差异？

价值：品牌能给消费者带来什么好处？

根据品牌定位任务书，设计师选择图形符号和色彩。这是品牌的中心元素，可以是符号，如 Nike；也可以是字体标志（独特的字体名称的处理），如联邦快递 FedEx（图6.2）；或两者的综合，如 AT&T（图6.3）、可口可乐（Coca-Cola）、梅赛德斯－奔驰（Mercedes-Benz）（图6.4）。这些都是经历了时间考验的成功形象识别范例。平面设计是品牌知名度的首要资产。现代品牌不再仅属于商业领域，而是扩展到整个传播领域。标志接受特别设计以沟通企业与公众，这些与品牌相关的设计帮助定义和传达人们渴望的企业人物角色。

图6.2 联邦快递 FedEx 标志

图6.3 AT&T 标志

图6.4 梅赛德斯－奔驰标志

例如，拉尔夫·劳伦对美国样式的独特理解，打破了中上阶层独享的大门，这使得普通人只要花钱就可以购买到上层社会的生活方式。

耐克、盖普（Gap）（图6.5）、Body Shop（图6.6）和维珍航空（Virgin Atlantic）（图6.7）通过对人的关注，创造了一种反文化，打破了常规。它们的标志反映了企业的创新文化。亚马逊（Amazon. Com）（图6.8）和雅虎（Yahoo!）（图6.9）这样的数字产业的崛起反映了互联网时代快速精神速度和改变的意愿是它们的本质。

图 6.5　盖普标志

图 6.6　Body Shop 标志

图 6.7　维珍航空标志

图 6.8　亚马逊标志

图 6.9　雅虎标志

　　戴斯格波·戈博公司的马克·戈博（Marc Gobe）发展了"情感化品牌"的概念。这个世界上存在缺乏情感的品牌，如康柏（Compaq）；也存在有情感的品牌，如苹果（Apple）。公司识别计划从单纯基于视觉和影响演化为与消费者情感联系，这种识别建立在互动与对话之上（一种白人驱动的经济），即从影响转化为联系。任何平面识别都可被置于图形表现和情感意义的双轴矩阵中。因为图像（符号）比文字（名字）易记，符号创造了与消费者情感的联系。

例如，勒柯克百代公司的形象特征依赖于它的标志，黄色背景上有显眼的风格化的公鸡形象和公司名称（如图 6.10 所示）。朗涛公司（Landor）为百代公司重新设计的富有生气的品牌形象获得了大奖。

图 6.10　勒柯克百代公司标志

下面为品牌定位的十五种法则。

在产品高同质化和分化的时代，必须为企业的品牌在消费者的心目中占据一个独特而有利的位置。当消费者对该类产品或服务有所需求时，企业的品牌能够在消费者的候选品牌类中跳跃出来（如图 6.11 所示）。

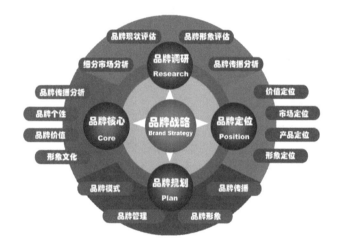

图 6.11　品牌战略的内涵

（1）比附定位法

比附定位就是攀附名牌，比拟名牌来给自己的产品定位，希望借助知名品牌的光辉来提升本品牌的形象。比附定位通常采用以下三种方式来实施。

① "第二主义"　就是明确承认市场的第一品牌，自己只是第二。这种策略会使人们对公司产生一种谦虚诚恳的印象，相信公司所说是真实可靠的，这样较容易使消费者记住这个通常难以进入人们心智的序位。第二主义最著名的例子就是美国阿维斯出租汽车公司"我们是第二，我们要进一步努力"的定位。

② 攀龙附凤　首先是承认市场中已卓有成就的品牌，本品牌虽自愧弗如，但在某地区或在某一方面还可与这些最受消费者欢迎和信赖的品牌并驾齐驱、平分秋色。这以内蒙古宁城老窖的"宁城老窖——塞外茅台"定位为代表。

③ 俱乐部策略　公司如果不能取得本市场第一地位又无法攀附第二名，便退而采用此策略，希望借助群体的声望和模糊数学的手法，打出会限制严格的俱乐部式的高级团体牌子，强调自己是这个高级群体的一员，从而借助俱乐部其他市场领先品牌的光辉形象来抬高自己的地位形象。这以美国克莱斯勒汽车公司为代表，他的定位为"美国三大

汽车之一"。这种定位使消费者感到克莱斯勒和第一、第二的 GE、福特一样都是最好的汽车生产商。

（2）利益定位

利益定位就是根据产品或者所能为消费者提供的利益、解决问题的程度来定位。由于消费者能记住的信息是有限的，往往只对某一利益进行强烈诉求，容易产生较深的印象。这以宝洁的飘柔定位于"柔顺"、海飞丝定位于"去头屑"、潘婷定位于"护发"为代表。

（3）USP 定位

USP 定位策略的内容是在对产品和目标消费者进行研究的基础上，寻找产品特点中最符合消费者需要的竞争对手所不具备的最为独特的部分。例如美国 M&M 巧克力的"只溶在口，不溶于手"的定位（如图 6.12 所示）和乐百氏纯净水的"27 层净化"的定位为代表（如图 6.13 所示）。

图 6.12　美国 M&M 巧克力　　　　图 6.13　乐百氏纯净水标志

（4）目标群体定位

该定位直接以某类消费群体为诉求对象，突出产品专为该类消费群体服务，来获得目标消费群的认同。把品牌与消费者结合起来，有利于增进消费者的归属感，使其产生"这个品牌是为我量身定做"的感觉。如金利来的"男人的世界"（如图 6.14 所示）、哈斯维衬衫的"穿哈斯维的男人"、美国征兵署的"成为一个全材"的定位。

（5）市场空白点定位

市场空白点定位是指企业通过细分市场战略市场上未被人重视或者竞争对手还未来得及占领的细分市场，推出能有效满足这一细分市场需求的产品或者服务。如西安杨森的"采乐去头屑特效药"的定位和可口可乐公司果汁品牌"酷儿"的定位。

（6）类别定位

该定位就是与某些知名而又属司空见惯类型的产品做出明显的区别，把自己的品牌定位于竞争对手的对立面。这种定位也可称为与竞争者划

图 6.14　金利来广告

定界线的定位，以七喜的"七喜，非可乐"为代表。

（7）档次定位

按照品牌在消费者心中的价值高低可将品牌分出不同的档次，如高档、中档和低档。不同档次的品牌带给消费者不同的心理感受和情感体验，常见的是奢侈品牌的定位策略，如劳力士的"劳力士从未改变世界，只是把那留给戴它的人"（如图 6.15 所示）、江诗丹顿的"你可以轻易地拥有时间，但无法轻易地拥有江诗丹顿"（如图 6.16 所示）和派克的"总统用的是派克"的定位（如图 6.17 所示）。

图 6.15 劳力士标志

图 6.16 江诗丹顿标志 　　　　　图 6.17 派克标志

（8）质量/价格定位

即结合对照质量和价格来定位，质量和价格通常是消费者最关注的要素，而且往往是被相互结合起来综合考虑的。但不同的消费者侧重点不同，如某选购品的目标市场是中等收入的理智型购买者，则可定位为"物有所值"的产品，作为与"高质高价"或"物美价廉"相对立的定位。这以戴尔电脑的"物超所值，实惠之选"和雕牌用"只选对的，不买贵的"为代表。

（9）文化定位

将文化内涵融入品牌，形成文化上的品牌差异，这种文化定位不仅可以大大提高品牌的品位，而且可以使品牌形象更加独具特色。酒业运用此定位较多，如珠江云峰酒业推出的"小糊涂仙""难得糊涂"的"糊涂文化"和金六福的"金六福——中国人的福酒"的"福运文化"的定位。

（10）比较定位

比较定位是指通过与竞争对手的客观对比来确定自己的定位，也可称为排挤竞争对手的定位。在该定位中，企业设法改变竞争者在消费者心目中的现有形象，找出其缺点或弱点，并用自己的品牌进行对比，从而确立自己的地位。这以泰诺的"为了千千万万不宜使用阿司匹林的人们，请大家选用泰诺"为代表。

（11）情感定位

情感定位是指运用产品直接或间接地冲击消费者的情感体验而进行定位，用恰当的情感唤起消费者内心深处的认同和共鸣，适应和改变消费者的心理。如山叶钢琴的"学琴的孩子不会变坏"，这是台湾地区最有名的广告语，它抓住父母的心态，采用攻心策略，不讲钢琴的优点，而是从学钢琴有利于孩子身心成长的角度吸引孩子的父母。

图 6.18　百威啤酒标志

（12）首席定位

首席定位即强调自己是同行业或同类产品中的领先地位，在某一方面有独到的特色。企业在广告宣传中使用"正宗的"、"第一家"、"市场占有率第一"、"销售量第一"等口号，就是首席定位策略的运用。这以百威啤酒的"全世界最大，最有名的美国啤酒"的首席定位为代表（如图6.18所示）。

（13）经营理念定位

经营理念定位就是企业利用自身具有鲜明特点的经营理念作为品牌的定位诉求，体现企业的内在本质，并用较确切的文字和语言描述出来。一个企业如果具有正确的企业宗旨，良好的精神面貌和经营哲学，那么企业采用理念定位策略就容易树立起令公众产生好感的企业形象，借此提高品牌的价值（特别是情感价值）、提升品牌的形象。这以TCL的"为顾客创造价值，为员工创造机会，为社会创造效益"的经营理念定位为代表。随着人文精神时代的到来，这种定位会越来越受到重视。

（14）概念定位

概念定位就是使产品、品牌在消费者心智中占据一个新的位置，形成一个新的概念，甚至造成一种思维定势，以获得消费者的认同，使其产生购买欲望。该类产品可以是以前存在的，也可以是新产品类。

（15）自我表现定位

图 6.19　李维牛仔标志

自我表现定位是指通过表现品牌的某种独特形象，宣扬独特个性，让品牌成为消费者表达个人价值观与审美情趣、表现自我和宣示自己与众不同的一种载体和媒介。自我表现定位体现了一种社会价值，能给消费者一种表现自我个性和生活品位的审美体验和快乐感觉。如百事的"年轻新一代的选择"，从年轻人身上发现市场，把自己定位为新生代的可乐。李维牛仔的"不同的酷，相同的裤"，在年轻一代中，酷文化似乎是一种从不过时的文化，紧抓住这群人的文化特征以不断变化的带有"酷"像的广告出现，以打动那些时尚前沿的新"酷"族，保持品牌新鲜和持久的生产力（如图6.19所示）。

·6.2　品牌价值

就整体意义而言，品牌价值（brand equity）作为一种企业资产，给其拥有者带来利益。它包括单独归于品牌的市场营销效益。品牌价值由与品牌名称和标志相关的品牌资产（或债务）组成，被加到（或减到）产品或服务之上。

在市场调查中研究品牌价值，是出于经济目的，或者出于并购而进行资产评估，或者出于提高市场营销效率的战略考虑。当消费者熟悉品牌并在他们的脑海中有着愉快的、强烈的和独特的品牌联想的时候，基于消费者的价值才会产生。消费者品牌价值是基于消费者对品牌的认知。

知识和记忆对消费者决策的重要性已被完全证实，最被广泛接受的记忆结构概念都包含某种联想模型的阐述。联想、网络记忆模型把语意记忆或知识看作一系列节点和连接的构成。储存信息的节点由长短不一的链环相连，一种节点间的扩散活化过程决定了记忆的恢复程度。

辨别品牌知识和影响消费者反应的相关维度有以下内容。

品牌意识：品牌认知与回忆。

品牌意象：消费者记忆中品牌联想的喜爱度、强度和独特性。

下面为设计师和营销人员提供了开发和研究品牌策略的概念框架。

（1）品牌意识

人们喜爱他们所熟悉的东西，并把所有好感列到他们所熟悉的东西上。

（2）品牌联想

任何把消费者跟品牌连起来的东西，包括用户意象、产品属性、使用场合、品牌个性和符号。品牌管理很大一部分是决定开发什么样的联想，然后制订一些把联想跟品牌联系起来的品牌计划。

（3）品牌忠诚

品牌价值的核心，目的是增强忠诚细分的大小和强度。核心品牌价值是消费者或其他公司外人员与品牌相联系的价值（如图 6.20 所示）。

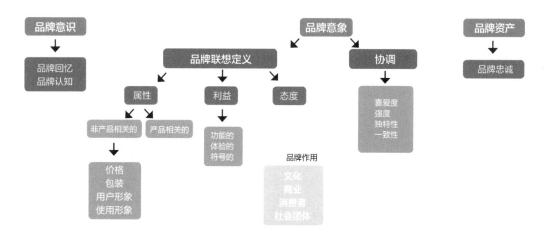

图 6.20　品牌知识和基于消费者的品牌价值框架

品牌联想包含以下内容。

（1）属性

产品或服务的描述性特征。

（2）利益

消费者附加到产品或服务上的个性价值。消费者认为产品在功能、体验和符号利益方面能为他们提供哪些价值。

（3）态度

对品牌的总体评价，这是消费者行为的基础。市场营销模型认为态度是具有多种作用的。

（4）消费者对产品或服务有着显而易见的信仰

在某种程度上，消费者认为品牌有着某种属性或利益。

（5）对这些利益的价值评判拥有这些属性或利益的品牌是好是坏

受偏爱的品牌价值是消费者在某个范围内认为对他们最重要的那些价值。对于一个在同类别中最受喜爱的品牌，其联想和属性必定相同或非常近似于在市场上最受偏爱的属性。品牌管理就是把核心品牌变成最受欢迎的品牌，可以通过对品牌个性的初选或协调品牌联想来建立品牌价值。因此，评估品牌知识的设计研究很重要。这些知识基于以下内容。

（1）记忆

给予产品类别恰当的品牌识别。

（2）认知

品牌的正确辨别。

（3）品牌联想的类型

自由联想任务、投射技术和深度采访。

（4）喜爱度

联想评估的级别。

（5）强度

联想中信仰的等级。

检验品牌联系间的关系也很重要，这包括以下方面。

（1）独特性

与竞争对手间的比较；询问消费者认为品牌的独特之处在哪。

（2）一致性

比较消费者的品牌联想模式（间接测量）；询问消费者对各个品牌联想的情景期望是什么（直接测量）。

（3）协调性

将次要的联想特征与主要的品牌联想特征相比较（间接测量）；直接询问消费者受到主要品牌联想的哪些影响（直接测量）。

·6.3 品牌建设

品牌建设是指品牌拥有者对品牌进行的设计、宣传、维护的行为和努力。品牌建设的利益表达者和主要组织者是品牌拥有者（品牌母体），但参与者包括了品牌的所有接触点，包括用户、渠道、合作伙伴、媒体甚至竞争品牌。品牌建设包括的内容有品牌资产建设、信息化建设、渠道建设、客户拓展、媒介管理、品牌搜索力管理、市场活动管理、口碑管理、品牌虚拟体验管理。

6.3.1 品牌建设的作用

（1）增加企业的凝聚力

这种凝聚力不仅能使团队成员产生自豪感，增强员工对企业的认同感和归属感，使之愿意留在这个企业里；还有利于提高员工素质，以适应企业发展的需要，使全体员工以主人翁的态度工作，产生同舟共济、荣辱与共的思想，关注企业发展，为提升企业竞争力而奋斗。

（2）增强企业的吸引力与辐射力，有利于企业美誉度与知名度的提高

好的企业品牌使外界人羡慕、向往，不仅使投资环境价值提升，还能吸引人才，从而使资源得到有效集聚和合理配置。企业品牌的吸引力是一种向心力，辐射力则是一种扩散力。

（3）提高企业知名度和强化竞争力的一种文化力

这种文化力是一种无形的巨大的企业发展的推动力量。企业实力、活力、潜力以及可持续发展的能力集中体现在竞争力上，而提高企业竞争力又同提高企业知名度密不可分。一个好的企业品牌将大大有利于企业知名度和竞争力的提高。这种提高不是来自人力、物力、财力的投入，而是靠"品牌"这种无形的文化力。

（4）推动企业发展和社会进步的一个积极因素

企业品牌不是停留在美化企业形象的层面，而成为吸引投资、促进企业发展的巨大动力，进而促进企业将自己像商品一样包装后拿到国内甚至国际市场上"推销"。在经济全球化的背景下，市场经济的全方位社会渗透，逐步清除企业的体制障碍，催化企业品牌的定位与形成。

6.3.2 品牌战略规划与管理的四条主线

为了实现在消费者心智中建立起个性鲜明的、清晰的品牌联想的战略目标，品牌建设的职责与工作内容主要是制定以品牌核心价值为中心的品牌识别系统，然后以品牌识别系统统帅和整合企业的一切价值活动（展现在消费者面前的是营销传播活动）；同时优选高效的品牌化战略与品牌架构，不断推进品牌资产的增值并且最大限度地合理利用品牌资产。要高效创建强势大品牌，著名品牌战略专家翁向东认为，关键是围绕以下四条主线做好企业的品牌战略规划与管理工作。

（1）规划以核心价值为中心的品牌识别系统

以品牌识别统帅一切营销传播进行全面科学的品牌调研与诊断,充分研究市场环境、目标消费群与竞争者,为品牌战略决策提供翔实、准确的信息导向;在品牌调研与诊断的基础上,提炼高度差异化、清晰明确、易感知、有包容性和能触动感染消费者内心世界的品牌核心价值;规划以核心价值为中心的品牌识别系统,基本识别与扩展识别是核心价值的具体化、生动化,使品牌识别与企业营销传播活动的对接具有可操作性;以品牌识别统帅企业的营销传播活动,使每一次营销传播活动都演绎传达出品牌的核心价值、品牌的精神与追求,确保了企业的每一份营销广告投入都为品牌作加法、都为提升品牌资产作累积。制定品牌建设的目标,即品牌资产提升的目标体系。

（2）优选品牌化战略与品牌架构

图 6.21　宝路薄荷糖

图 6.22　美禄燕麦片

图 6.23　美极鲜味汁

品牌战略规划很重要的一项工作是规划科学合理的品牌化战略与品牌架构。在单一产品的格局下,营销传播活动都是围绕提升同一个品牌的资产进行的,而产品种类增加后,就面临着很多难题,究竟是进行品牌延伸新产品沿用原有品牌呢,还是采用一个新品牌?若新产品采用新品牌,那么原有品牌与新品牌之间的关系如何协调?企业总品牌与各产品品牌之间的关系又该如何协调?品牌化战略与品牌架构优选战略就是要解决这些问题。这是理论上非常复杂,实际操作过程中又具有很大难度的课题;同时对大企业而言,有关品牌化战略与品牌架构的一项小小决策都会在标的达到几亿乃至上百亿的企业经营的每一环节中以乘数效应的形式加以放大,从而对企业效益产生难以估量的影响。品牌化战略与品牌架构的决策水平高,让企业多赢利几千万、上亿是很平常的事情,决策水平低导致企业损失几千万、上亿也是常有的事。如雀巢灵活地运用联合品牌战略,既有效地利用了雀巢这一可以信赖的总品牌获得消费者的初步信任,又用"宝路、美禄、美极"等品牌来张扬产品个性(如图 6.21~图 6.23 所示),节省了不少广告费。

雀巢曾大力推广矿物质水的独立品牌"飘蓝",但发现"飘蓝"推起来很吃力、成本居高不下,再加上矿物质水单用雀巢这个品牌消费者也能接受,于是就果断地砍掉"飘蓝"(如图 6.24 所示),2001年下半年就在市场上见不到飘蓝水了。如果不科学地分析市场与消费者,像愣头青一样还继续推飘蓝,也许几千万、上亿的费用就白白地流走了。而中国国内不少企业就是因为没有科学地把握品牌化战略与品牌架构,发展新产品时在这一问题上决策失误而翻了船，不仅未能成功开拓新产品市场，而且连累了老产品的销售。因此对这一课题进行研究，对帮助民族企业上规模，诞生中国的航母级企业有重要意义。

图6.24 飘蓝矿泉水

（3）进行理性的品牌延伸扩张

创建强势大品牌的最终目的是持续获取较好的销售与利润。由于无形资产的重复利用是不用成本的，只要有科学的态度与高超的智慧来规划品牌延伸战略，就能通过理性的品牌延伸与扩张充分利用品牌资源这一无形资产，实现企业的跨越式发展。因此，品牌战略的重要内容之一就是对品牌延伸的下述各个环节进行科学和前瞻性规划。

提炼具有包容力的品牌核心价值，预埋品牌延伸的管线；

如何抓住时机进行品牌延伸扩张；

如何有效回避品牌延伸的风险延伸产品；

如何强化品牌的核心价值与主要联想并提升品牌资产到品牌延伸中；

如何成功推广新产品。

（4）科学地管理各项品牌资产

创建具有鲜明的核心价值与个性、丰富的品牌联想、高品牌知名度、高溢价能力、高品牌忠诚度和高价值感的强势大品牌，累积丰厚的品牌资产。

首先，要完整理解品牌资产的构成，透彻理解品牌资产各项指标如知名度、品质认可度、品牌联想、溢价能力、品牌忠诚度的内涵及相互之间的关系。在此基础上，结合企业的实际，制定品牌建设所要达到的品牌资产目标，使企业的品牌创建工作有一个明确的方向，做到有的放矢并减少不必要的浪费。

其次，在品牌宪法的原则下，围绕品牌资产目标，创造性地策划低成本提升品牌资产的营销传播策略。

最后，要不断检核品牌资产提升目标的完成情况，调整下一步的品牌资产建设目标与策略。

▶ **[案例] 看小米是如何玩转社交媒体的**

图6.25 小米

现在大家都在谈粉丝经济，在碎片化、去中心化的移动互联网时代，没有粉丝的品牌，基本是要面临被淘汰的境地。小米可以说是粉丝经济的代表品牌，网络上有大量的文章分析了小米的品牌、产品、粉丝、微创新、饥饿营销等。其实不管大家怎么说小米，小米实际上是一家自有品牌的垂直电商公司，只是不论在产品软硬件，还是品牌和粉丝推广上都非常有创新。现在我们分析一下，雷军都用了哪些社交工具来推广小米、来圈小米的粉丝（如图6.25所示）。

（1）微博：推广小米的主战场

现在大部分自媒体都在唱衰微博，好像已经没有人用微博了，微博快倒了。其实从ALEXA排名来看，微博的排名还是在上升的，说明用户数还是在增加的。

现在大家在微博上主要还是看大V，看大佬们都在说什么，因为只有微博才能够最直接地接触到这些大佬，其他社交工具几乎没有能够替代这个需求的。还有就是发生重点事件的时候，大家第一时间也会上微博，所以微博实际上变成大佬们说、普通用户看的社交媒体了，变成一个热点新闻报道的社交媒体。

下面来看看雷军和小米在新浪微博上的一些数据。

① 雷军微博　800多万粉丝，每天他都最少会发一条微博，内容90%都是围绕小米，劳模就是劳模。

② 黎万强微博　黎万强，小米的另外一个创始人，微博有近500万粉丝，发的微博稍微杂一些，有近一半的内容和小米相关。

③ 小米手机的官方微博　800多万粉丝。

同时，雷军和小米在腾讯微博上也有比新浪微博稍微少一点的粉丝。这些粉丝加起来快有3千万级了，就算去掉很多僵尸粉、重复粉丝，估计也在千万级别。

所以雷军依托微博这个主战场，可以第一时间把小米的产品、品牌等很快速地传递给粉丝，同时也不断增加新的粉丝。

有了这么多粉丝，只要你产品不太烂，卖什么不能成？何况小米手机的产品还不错，有自己的优点和卖点。

（2）QQ空间：这里聚集了大量的小米粉丝

QQ空间是个很有意思的社交工具，大部分的大网站和厂商都不怎么重视，但是小米在QQ空间聚集了大量的粉丝。

小米的QQ空间有1900万粉丝，每天他们会更新说说，基本上每条说说的转发率都在几千，好的转发率能够达到几万。每篇日志的访问量都能够上万，好的能够有十几万。做过网站的人都知道，单篇文章访问量能够上万其实很不错了。

同时QQ空间可定制，用户在这里可以实现很多小米网站上的功能，当然最后是跳转到小米网站的。从ALEXA的分析上可以看到，QQ空间给小米网站带去了5%的流量，非常可观。

国内大部分网站和大品牌基本上没有真正重视过QQ空间，实际上QQ空间应该是非常有价值的社交工具。因为大部分 20~40 岁的人，用 QQ 都有 10 多年的历史，黏度是非常大的，如果能够真正把 QQ 空间用好，QQ 空间对垂直网站或者垂直电商圈粉丝是非常好的社交工具。

（3）小米论坛：推广小米的自留地

小米社区的 ALEXA 排名是 5612 位。根据这个排名，估计每天大概是 15 万 IP、80 万 PV 左右，80% 的流量都是小米论坛贡献的。这里聚集了大量的手机发烧友，随便一个帖子都有几百的回复、上万的浏览。可以说，是国内最火的手机论坛之一。

很多人都觉得论坛没落了，其实垂直论坛还是非常有价值的社交工具，因为论坛可以图文并茂，可以不断盖楼，同时很多用户的问题还能够得到及时解答。暂时还没有很好的社交工具能够取代垂直论坛，否则微信也不会推微论坛了。

雷军用小米论坛这个自留地把一批铁杆粉丝圈了进来，让他们不断给自己产品提改进意见，可以获取大量的用户反馈信息；同时也让用户觉得自己是主人，有种家的感觉。

（4）微信：推广小米的新战场

雷军和黎万强都在微信上开了订阅公众号，不过没有做到每天更新。

他们的微信公众号上的文章基本都是原创，如果不是专门做自媒体的，要保持每天原创非常难。这也是微博上的大 V 很少能够在微信上非常成功的原因之一，大 V 都不太想转别人的文章，每天写原创又很难。

但是微信是用户订阅，被动接受信息，你不经常更新文章，用户就不会和你互动、帮你转发，那你增加粉丝数就不容易。

小米手机、小米电商、小米路由器等在微信上都设立了服务号，基本能够实现在网站上实现的功能。2013 年 11 月，小米手机 3 出来的时候，也在服务号上做过预订手机的活动，反响也非常不错。

不过因为服务号只能一个月给用户推送一条信息，估计这些服务号的粉丝对比在微博上的粉丝应该不会太多。

不管是微信订阅号还是服务号都查不到详细的粉丝数，不过从更新量和功能来说，感觉雷军在微信上做的动作没有微博上多，所以说微信这个新战场，小米做得一般。

对于手机厂商来说，也许微信是一个非常好的社交工具可用来圈粉丝，推广自己的品牌。比如最近 VIVO Xplay3S 在微信上 0.35 秒卖出 1000 台手机，他们前期就在微信公众号、朋友圈做了大量的预热和圈粉工作。

（5）其他新战场

现在还有不少新社交工具，比如微米、微视、来往等，基本没有看到小米有太多的动作在这些新的社交工具里。

除了小米手机在微视上有大概 2 万粉丝外，别小看这 2 万粉丝，有天小米手机在微视上分享了一个微视频，也有 15 万的播放。微视也许会是未来一个社交媒体新星。

总体来说雷军几乎用了所有的社交工具来圈小米的粉丝，不过重点还是在微博、QQ 空间上和论坛上。

套用波士顿矩阵法对小米圈粉所使用的社交工具来划分的话，微博、QQ 空间、论坛是小米圈粉的现金牛，微信是小米圈粉的明星产品。

其他手机厂商、垂直网站、垂直电商也许能够从小米所使用的社交工具中找到适合自己的工具，把自己的粉丝圈起来，在粉丝经济中才不会被淘汰。

第 7 章

设计组织的营销
——设计营销的多样本体

发达国家发展的实践表明,设计已成为企业以及国家制造业竞争的源泉和核心动力之一。尤其是在经济全球化日趋深入、国际市场竞争激烈的情况下,产品的国际竞争力将首先取决于产品的设计开发能力。

7.1 设计师的角色

每一位设计师都兼具艺术家与商人的双重身份。无论是拥有自己的设计工作室,还是担任企业设计师,抑或作为兼职或自由设计师,他们的这种特质都不仅仅体现在设计作品中,也包含在设计实践的各个方面。设计师必须具有持续而旺盛的创新能力,同时还必须具备专业的商业素质。当设计师玩味色彩、造型、样式与形象时,就会显示他们作为艺术家的一面。但此时他们可能随时会收到来自客户的电话或邮件,要求一起对接下来的生产、预算或技术规格的细节进行深入的讨论。因此,设计是一份平衡艺术与商业的工作。有时设计会展现出一种内在的对抗性,这也是许多人对设计痴迷的原因所在。

无论是被扣以商人的帽子,还是被冠以艺术家的头衔,都不妨碍设计师对概念与创意的执着追求。基于概念的创新不限于任何形式,能跨越任何设计的载体。有些设计的任务是创造独一无二的产品,有些项目则要求具有独特的逻辑分析或提供清晰的评估方法。无论是哪种情况,设计师都需要对当前的情况进行评估、分析与构思。

7.2 设计组织

设计组织是管理者为达到既定设计目标而对各部门间的工作进行的沟通和协调。

设计组织贯穿于设计任务的全过程。对于设计项目管理者而言,设计过程其实也就是组织过程。前期设计计划的制订需要决策者挑选合适的人才组成计划制订小组,在制订计划过程中,明确设计部门同其他部门的相互关系及恰当地分配给各部门任务。设计组织过程要考虑设计计划最终目标和设计进行过程中诸多细节,以便对整个设计过程做出的部门、进程等方面组合最优化的全局性把握。设计组织为设计任务的开展和过程搭建了框架，使各个部门（工业设计部、工程设计部、生产部、市场策划部等）在各自工作的进程中能够得到较好的沟通。这样不但使设计各部门的功用得到优化而且提高了工作效率，避免了某一部门工作方向偏差导致的严重后果。

随着市场的发展，设计组织的形式也呈现出多样化的特点。许多企业拥有自己的设计部门，保证了品牌形象的一致性和产品的继承性；许多设计师也纷纷单独成立或合伙自建工作室，承接外来诸多品牌和产品的设计项目，极具创意和个性。

7.2.1 企业设计中心

20 世纪 80 年代以来，以新材料、信息、微电子、系统科学等为代表的新一代科学技术 的发展，极大地拓展了设计学学科的深度和广度。技术的进步、设计工具的更新、新材料的研制及设计思维的完善，使设计学学科已趋向复杂化、多元化。传统的以造型和功能形式存在的物质产品的设计理念，开始向以信息互动和情感交流、以服务和体验为特征的当代非物质文化设计转化；设计从满足生理的愉悦上升到服务系统的社会大视野中。随着人类社会步入经济全球化，人类处于向非物质文化转型的时代，设计文化呈现出多元文化的交融趋向，生态资源问题、人类可持续发展问题，向设计学的发展发起巨大的挑战。特别是人类进入 21 世纪，设计已成为衡量一个城市、一个地区、一个国家综合实力强弱的重要标志之一。设计作为经济的载体，已为许多国家政府所关注。全球化的市场竞争愈演愈烈，许多国家都纷纷加大对设计的投入，将设计放在国民经济战略的显要位置。

英国前首相并在分析英国经济状况和发展战略时指出，英国经济的振兴必须依靠设计，并曾断言"设计是英国工业前途的根本，英国政府必须全力支持工业设计"。

设计艺术在中国也取得了惊人的成就，特别是改革开放以来，中国的设计艺术教育飞速发展，越来越多的高等院校设置了设计艺术专业，全国开设设计艺术专业的院系已逾千余所。随着中国经济的迅猛发展，设计艺术不断发展成熟，设计艺术领域不断扩大，设计艺术科目逐渐增加，设计艺术作品层出不穷。

在中国的社会文化发展中，设计已经成为视觉文化中极为突出的一部分，而且被列为一系列相当重要的设计政治、设计经济、设计文化战略。其内容涵盖工业设计、视觉传达设计、环境艺术设计、动漫设计、信息艺术设计、创意产业设计等多个方面，在现代化建设中已经占有举足轻重的地位。

目前设计在企业制造产品的过程中也是不可或缺的主角。设计不但可以与其他公司的商品做出区别，也是展现企业形象的工具。

设计组织的作用已经得到了越来越多企业的重视。

7.2.2 设计公司／工作室

相较于企业设计中心，设计公司是相对独立和灵活的设计组织机构。对外承接各类企业产品的设计要求，设计领域广泛。设计公司的创意发挥更加自由，是设计界的活泉之源。

7.2.2.1　世界有名的设计公司

（1）美国艾柯设计顾问公司

一家蜚声国际的产品设计公司，多次荣获国际性的设计奖项（如图 7.1 所示）。

图 7.1　美国艾柯设计顾问公司官网

（2）美国 IDEO 设计与产品开发公司

战略服务、人因研究、工业设计、机械和电子工程、互动设计、环境设计等（如图 7.2 所示）。

图 7.2　美国 IDEO 设计与产品开发公司官网

（3）青蛙设计公司

平面设计、新媒体、工业设计、工程设计和战略咨询。成功设计有索尼的特丽珑彩电、苹果的麦金塔电脑、罗技的高触觉鼠标、宏基的渴望家用电脑、Windows XP 品牌……（如图 7.3 所示）。

图7.3 青蛙设计公司官网

（4）英国费若迈尔斯设计公司

咨询顾问及战略策划、研究与分析、品牌开发、产品、结构包装、系列家具、交通工具等设计、计算机辅助设计、模型样机制作及虚拟模型制作（如图7.4所示）。

图7.4 英国费若迈尔斯设计公司官网

（5）意大利阿莱西设计公司

图7.5 意大利阿莱西设计公司官网

阿莱西是创立于1921年的意大利家用品制造商，是20世纪后半叶最具影响力的产品设计公司。其产品包括酒瓶起子、刀具、水壶及茶具等各类家品，非常人性化、富有人情味。如今蜚声国际，旗下网罗着一大批设计大师，出品过许多款经典设计。阿莱西公司旗下的设计师们——"设计巨匠们"的名单就是一部现代设计的名人录，这份名单包括：阿希里·卡斯特里尼、菲利普·斯塔克、理查德·萨伯、米歇尔·格兰乌斯和弗兰克·盖瑞（如图7.5所示）。

（6）Markt & Design

这是德国一家多元化的国际设计公司，为

客户提供全面的整合设计解决方案，使客户公司的产品成功进入瞬息万变的国际市场。合作的客户有 SONY、Miele、西门子、汉莎航空、LG 电子及德国电信等（如图 7.6 所示）。

图 7.6　Markt & Design

（7）Fritzhansen

北欧最大的家具制造商，经历了数十年的变化，仍然是欧洲家具的设计指标。旗下的产品包括了蚂蚁椅、蛋椅、天鹅椅等经典中的经典；设计师包含了 Alfred Homan、Hans J. Wegner、Arne Jacobsen 等大师中的大师（如图 7.7 所示）。

图 7.7　Fritzhansen

（8）Interbrand Corporation

成立于 1974 年，是全球最大的综合性品牌咨询公司之一，致力于为全球大型品牌客户提供全方位一站式的品牌咨询服务。Interbrand 的客户群体覆盖约 2/3 全球财富 100 强的公司。作为全球广告、营销和公司传播领域领导先驱——宏盟集团（Omnicom Group）的成员企业，Interbrand 拥有覆盖全球的资源网络，迄今已在 28 个国家设有 42 个办事处，中国办公室位于上海（如图 7.8 所示）。

图 7.8　Interbrand Corporation

（9）Phunk Studio

国际知名新加坡设计团队于 1994 年成立，成员包括 Alvin Tan、Melvin Chee、Jackson Tan 与 William Chan。从平面设计到装置艺术，从刚毕业四处接设计案到国际设计领域上最受欢迎的创意设计团队，phunk studio 成功地把自己和新加坡的设计推上世界舞台，不但证明了创意与创新的价值，更成为新加坡设计界的代表（如图 7.9 所示）。

图 7.9　Phunk Studio 官网

7.2.2.2　中国有名的设计公司

中国好的设计公司有很多很多，基本都集中在北京、深圳及上海，北京的设计公司知名的有洛可可和 vidor 吾言吾道设计等。

（1）洛可可设计公司

作为中国工业设计第一品牌，洛可可成立于 2004 年，并迅速由一家工业设计公司发

展成为一家实力雄厚的国际整合创新设计集团。其总部位于北京，已成功布局伦敦、深圳、
上海、成都等地（如图 7.10 所示）。

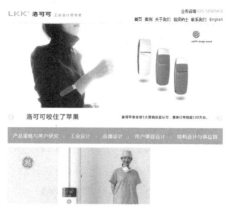

图 7.10　洛可可设计公司官网

（2）吾言吾道设计公司

吾言吾道是中国著名品牌营销策划与品牌设计公司，提供品牌诊断与评估、中期企
业战略规划、 品牌构架梳理、品牌定位、企业 / 品牌命名、品牌营销推广策略、品牌识
别策略、品牌 LOGO 设计、BIS 设计、VIS 设计、企业 / 产品宣传册设计、包装系统设计、
平面广告设计、网站建设与设计、办公空间与专卖店设计、环境与导视设计。吾言吾道
具有成熟、科学的品牌管理经验，以实效快捷的服务流程，为中国发展中企业定制营销
策略和企业形象策略，并将其导入品牌识别系统和品牌体验系统，实现品牌全面创建或
重塑，成就中国发展中企业效益快速增值和持续保值（如图 7.11 所示）。

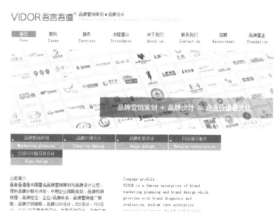

图 7.11　吾言吾道设计公司官网

7.2.3　设计比赛组织机构

举办设计大赛，目的是通过设立公平的比赛规则、比赛题目，广泛号召公司、个人、
学校师生等，激发他们对设计的兴趣和创造力，培养创新思维，促进人才教育的革新，

发掘设计新星，预测设计趋势，实现设计知识和实践的交流，探讨产学研合作的新模式，促进人类生产生活的健康可持续发展。

著名的设计竞赛有 IDEA 设计比赛、Red dot 设计比赛、pentawards 国际包装设计比赛等。

7.2.3.1 IDEA 设计比赛

图 7.12　IDEA 设计比赛

美 国 IDEA 奖 全 称 是 INDUSTRIAL DESIGN EXCELLENCE AWARDS，为美国工业设计优秀奖。IDEA 是由美国商业周刊（Business Week）主办、美国工业设计师协会 IDSA（Industrial Designers Society of America）担任评审的工业设计竞赛。该奖项设立于 1979 年，主要是颁发给已经发售的产品。虽然只有 25 年的历史，却有着不亚于 iF 的影响力。作为美国主持的唯一一项世界性工业设计大奖，自由创新的主题得到了很好的突出。每年由美国工业设计师协会从特定的工业领域选出顶级的产品设计，授予工业设计奖（IDEA），并公布于当期的商业周刊杂志（如图 7.12 所示）。

IDEA 自 20 世纪 90 年代以来在全世界极具影响，每年的评奖与颁奖活动不仅成为美国制造业彰显设计成果最重要的事件，而且对世界其他国家的企业也产生了强大的吸引力。IDEA 的作品不仅包括工业产品，而且也包括包装、软件、展示设计、概念设计等，共 9 大类，47 小类。

每年，全世界的设计师、学生和企业都有机会将其设计作品呈现在各种知名评委面前，接受评判，以争取获奖，成为世界最优秀的设计。每年都会有上万的作品参加 IDEA 的评选，奖项分为金奖和银奖。专家们会从这些上万件的作品中挑选出一百件左右的优秀作品，颁发给它们应有的荣誉。

赢得奖项的作品将在世界范围受到大量媒体的报道，并全年在设计展览中陈列，也会受邀成为亨利·福特博物馆的永久收藏。

IDEA 美国工业设计优秀奖共有三重使命。

通过不断拓展我们的边界、连通性和影响力来引导专业领域。

通过重视职业发展与教育来启发设计师的设计理念和提升其职业素养。

提升工业设计领域的水平和价值观。

评判标准主要有设计的创新性、对用户的价值、是否符合生态学原理，生产的环保性、适当的美观性和视觉上的吸引力。

7.2.3.2 Red dot 设计比赛

红点设计大奖（Red dot design award），简称红点奖。它始于 1955 年，由德国诺德海姆威斯特法伦设计中心主办，总部设在德国。此奖项是由资深设计师和权威专家组成的国际评委会，根据产品的创新程度、功能性以及环保和兼容性等标准，评选出最优秀的参选产品，代表了全球工业设计界对其设计和品质的认可。

红点设计大奖在早期纯粹是德国国内的奖项，后来逐渐发展成为全球国际性的创意设计大奖。自创办以来，红点奖已经成为全球范围内最重要的设计奖项之一，现在主要分为产品设计、传达设计、设计概念；表彰在汽车、建筑、家用、电子、时尚、生活科学以及医药等众多领域取得的成就。获得红点设计大奖不仅代表某产品的杰出设计品质在国际范围内得到确认，还意味着该产品获得了设计与商业范围内最大程度的接受。

该奖项已经拥有来自 40 多个国家，超过 4000 名参赛者，是世界上最大、最尊贵的设计奖。苹果、西门子、博世、标致、宝马、梅赛德斯－奔驰等都是红点大奖的常年参与者。

红点设计大奖是世界上知名设计竞赛中最大最有影响的一个竞赛，也是国际公认的全球工业设计顶级奖项之一，素有设计界的"奥斯卡"之称，与德国"iF 奖"、美国"IDEA 奖"并称世界三大设计奖。

红点大奖注重时尚的创造与实用的结合，具有设计界及企业界最佳认可地位。每年 2 ～ 7 月征件，评委们对参赛产品的创新水平、设计理念、功能、人体功能学、生态影响以及耐用性等指标进行苛刻评价后，最终选出获奖产品。得奖作品将会在德国的红点设计博物馆及红点设计官方网页上展出。

一些杰出的行业产品设计，大众传媒设计因其达到设计品质的极高境界而被授予"红点至尊奖"。

（1）设计的评审评判标准

① 革新度

产品设计概念是否本身属于创新，或是属于现存产品的新的更让人期待的延伸补充。

② 美观性

产品设计概念的外形是否悦目。

③ 实现的可能性

现代科技是否允许设计概念的实现。如果目前科技程度达不到实现设计概念的程度，未来 1~3 年里是否有可能实现。

④ 功能性和用途

设计概念是否符合操作、使用、安全及维护方面的所有需求；是否满足一种需求或功能；生产效率、生产成本设计概念是否能以合理的成本生产出来；人体工程学和与人之间的互动产品概念是否适用于终端使用者的人体构造及精神条件。

⑤ 情感内容

除了眼前的实际用途，产品概念是否能提供感官品质、情感依托或其他有趣的用法。

保护知识产权在得知参赛结果和公布结果之间，将预留足够的时间给获奖者来申请保护获奖设计概念。参加红点奖竞赛不会使参赛者的知识产权受到损害。

评审在 7 月间进行，所有获奖者将在 8 月份获得通知。没有获奖的设计概念将不会向外界公布，只有获奖的设计概念才会在颁奖典礼和庆祝活动中揭晓具体设计。所以，获奖者有大概三个月的时间来申请对获奖作品的知识产权保护。

世界上任何国家地区的设计师、设计工作室、设计公司、研究试验单位、发明者、设计专业人士及设计学生，　皆有参赛资格。　所有市场上不存在的设计发明，评审团将通过评审过程直接作出获奖决定。

· 7.3　政府的推动作用

设计创新产业发展了、繁荣了，会带来什么样的影响呢？这不仅会带来中国企业的地位提升，还会带来更广泛的社会价值，对文化、人的生活、国家和城市产品品牌等方面的提升都将有积极的影响。从全球各地的普遍经验看，设计产业的发展程度通常和所在地的文化、文明开放程度、居民素质、社区和谐、生活品质和观光旅游业繁荣程度等息息相关，彼此支撑。

什么是切实、持久的政府推动呢？简单说就是将政府资源和政策倾斜分配在对产品设计创新行业的发展行之有效的对的地方，扶植对产业发展对的事、对的企业、对的人才、对的项目。以下分享一些有特点的地区政府或公益组织发起的行业促进举措。

（1）旧金山

全球公认的最有创新能力的城市。这里打造了风靡全球的商业和创新领袖的交流平台科技、人类情感和设计（TECHNOLOGY、ENTERTAINMENT And DESIGN（TED）），去推动对产品创新、设计价值的广泛的认识和尊重。这个平台与瑞士达沃斯商会平级，是目前全球顶级的产品创新创意平台。苹果、英特尔、微软、FACEBOOK等的老总们都是它的常客。TED是全球的产品创新领袖都热衷参与，并以参与为荣的行业年度大聚会。知名的创新家、设计和设计交付界人士，在这个平台上展现着实力和魅力，得到大量的关注，并由此收货了很多方方面面的支持。

（2）北京

北京工业设计促进中心支持了第一批产品设计和产业管理本土人才的成长。它创办的红星奖对国内设计师有比较大的黏度。它的"孵化中心"和"设计提升项目资金资助"等手段也切实地支撑了一些比较好的企业、项目和个人的发展及设计创新价值的展现。

（3）韩国

韩国政府成立设计振兴院（KIDP），制订了设计振兴计划，确立了2008年成为全球设计领袖的目标。为完成这一目标，韩国政府第一是加强设计人才教育；第二是扶持设计公司与企业内部的设计部门。韩国设计振兴院每年下拨资金相当于2亿多人民币，用于支持工业设计的示范、交流、评选等活动。其中60%用于补贴设计公司为国内企业设计产品，设计费补贴达30%～60%。

这些举措切实地起到了对产品设计创新行业的推动作用，是对的举措。只是能做到"对"其实并不容易，这依赖于举措的发起组织者对产业的真知灼见。对于我们大多数政府官员而言，目前设计产业是比较陌生的，所以我们的行业获得发展的一个重要因素将是我们的国家官员对产品设计创新行业能否实现一个快速的知识积累。

第 8 章

设计营销模式
——实现设计价值的个性化创新

客观地说，设计者们也在自觉或不自觉地运作其产品销售。然而，或许是因为过分强调了设计的科学性、艺术性，设计者们在进行产品开发设计时虽曾进行了一定的需求分析、设计计划、制作定型和使用推广，却未能充分体现现代科学的管理理念，目前大多持有的还是"我们能设计什么就卖什么"的生产理念或"我们卖什么设计，就让人们买什么设计"的推销理念。而对强调"顾客导向，整体营销，顾客满意"等内容的市场营销理念和以实现消费者满意以及消费者和社会公众的长期利益作为根本目的的"社会营销理念"还不太清楚；同时尚未接受"文化营销、生态营销、后服务营销、另类营销、共生营销、网络营销、直效营销、特许营销"等随着市场扩大和竞争加剧，营销技术手段不断改进和消费者权益保护运动的高涨而创新的"后现代营销概念和管理理念"。而所有这些，恰恰是设计营销必须首先解决的。

· 8.1 病毒式营销

图8.1 病毒式营销

病毒式营销指的是厂商通过网络短片、低调的网络活动或是电子邮件信息的方式在全球网络社群发动营销活动，利用口碑传播成为与消费者交流强有力的媒介形式。它的本质就是让用户们彼此间主动谈论品牌，这种与品牌之间有趣、不可预测的体验，往往显示出强大的影响力（如图8.1所示）。

病毒式营销是基于营销理念的重大变革。

比如同样是做广告，对用户而言，电视广告是建立在"以打扰为基础上的推销方式，它不管用户的感受如何，也不管用户愿不愿看，在电视连续剧看得津津有味的时候，突然插进来一大段广告。"病毒式营销理念则恰巧相反，是建立在"以允许为基础上的推销方式。它像病毒一样在不知不觉中侵入你的肌体，让你对它产生好感。这时，你的购物潜意识被激活，产生要购买这种产品的欲望。它们能够找到一个途径，利用一眼看去似乎全然不搭界的路径接近自己的载体，从而牢牢依附在载体身上。

8.1.1 病毒式营销的实施过程

"病毒式营销"最核心的就是"病毒"的制造。不管"病毒"最终以何种形式来表现，都必须具备基本的感染基因。"病毒"必须是独特的、方便快捷的，而且必须"酷"，并能让受众自愿接受且感觉获益匪浅。"病毒营销"必须是"允许式"而不是"强迫式"的，要让受众能够自愿接受并自愿传播。

（1）制造"病毒"

先看看 Gmail，自从有了 Google 这个品牌作支撑，同时作为全球第一个 1G 免费邮箱，它的"酷"就已经形成了。然后，采用神秘的邀请模式吊足用户的胃口。表面上看，Gmail 并未大规模面向用户开放，而是采用有限的邀请方式，殊不知正是这种半遮半掩的作态搞得网民趋之若鹜，无不以获得一个邀请从而注册成功为快事，更将有限的邀请权限宝贝一样送出去，以表大方。整个过程获得一种游戏般的精彩快乐。更有人在 eBay 上高价拍卖，一时间 Gmail 演变成了炙手可热的地下交易商品。

也许是巧合，也许本身就是营销策略中的一部分，隐私侵权官司为 Gmail 宣传起到了推波助澜的作用。Google 为了在 1G 邮箱投放关键词广告，用机器人扫描邮件内容，此举被以侵犯用户隐私告上法庭，闹得满城风雨，由不得你不知道 Gmail 的鼎鼎大名。

测试中的 Gmail 的确有些不稳定，但它在积极发展更多服务功能。Gmail 做到这种地步，即使不做任何营销活动，一有什么风吹草动，都自有媒体、网民争相"报道"。

（2）选准方法

Killerstandup.com 采用电子书的方式也是有讲究的。如果是普通的电子邮件，用户阅读后往往被删除，甚至一开始就可能被视为垃圾邮件。相对来说，电子书的流传和保存时间可以更持久一些，因而营销效果也就更加明显。

（3）找准"低免疫力"人群

必须找到一部分极易感染的"低免疫力"人群，由他们将"病原体"散播到各处。腾讯在做 QQ 推广时，就非常注重对"低免疫力"人群的找寻和锁定。他们确定的用户平均年龄约 20.6 岁，这是一部分时尚、对新潮流感应敏锐的人群。这一部分是绝对的"低免疫力"人群，他们对 QQ"病毒"没有任何的抵御能力，能很快接受并积极传播。

（4）"病毒"激活的程序

为了防止"病毒"在流动中陷于"自我催眠"状态，必须赋予"病毒"本身"自我激活"功能，这种功能程序多在"病毒"的传播路径中写入。

QQ 在传播路径的开发上进行了一些新的尝试。初期，腾讯在各大主流网站上建立了链接和 QQ 软件下载，并号召 Q 虫们"别 Call 我，请 Q 我"，随后通过 QQ 文化的建立和传播，提倡 QQ 族建立自己的网上社区，从而有更强烈的归属感。

（5）"病毒"更新

网络产品是有自己独特的生命周期的。仍以 QQ 为例，作为一种"病毒"，QQ 的周期是非常短的，通常一版 QQ 推出后，最开始 QQ 族们会因为新奇而疯狂追逐，但很快就会感到厌倦，如果在他们厌倦时还不及时进行版本更新，QQ 族群就会慢慢流失，"病毒"的"乘数效应"就开始递减。

市场对一个新事物的接受进程总是会不同的。实验表明，在"病毒"导入初期真正的"低免疫力"人群其实很少，"病毒"的扩散会是一个逐步递增的过程。随着"病毒"的散播，病毒的感染者才开始大面积地显现。

（6）腹地扩散

一旦中毒人群达到一定的规模，"病毒"本身所携带的产品和服务信息的作用才开始真正显现。受众一般都有爱屋及乌的特点，很自然地将自己对"病毒"的迷恋迁移到它所随身负载的产品或服务中去，从而形成产品或服务本身的自然销售。

在这一点上，腾讯也是比较成功的。通过QQ的病毒式营销，腾讯迅速占领了大量的网民群体，接着利用已有的受众基础，成功地开发了短信、网络广告、网络游戏、QQ注册等基于自己资源优势的全方位的盈利渠道。

8.1.2　病毒式营销的形式

图8.2　Skype

图8.3　Dropbox

图8.4　FaWave

（1）天生的传播特性（Inherent virality）

这是最原始的一种病毒式传播，可以称得上是口碑效应。简单说就是如果你的产品足够好，自然会将你的用户转变为"传播者"。虽然刚开始这种传播效果并不明显，但经过一段时间后，就会出现爆炸性的增长，Skype就是最典型的例子。当然这种方式效果最好，但也较难实现（如图8.2所示）。

（2）协同效应传播（Collaboration virality）

这种传播是指虽然一个产品对单独一个用户来说是有价值的，但如果他推荐使用该产品的用户越多，这个产品对他来说产生的价值就会越大，那么使用者就会形成病毒式传播。比如Dropbox，你虽然可以用Dropbox存储文件，但如果可以和其他人共享文件，Dropbox就会给你带来更大的价值（如图8.3所示）。

（3）沟通效应传播（Communication virality）

这种情况一般会在交流工具中出现。通过某种交流工具（比如邮件），某个名称经常会在交流过程中出现，久而久之人们就会记住这个品牌。比如使用某种工具定期、群发、设定对象地发送邮件或微博时，人们收到的内容最后经常会有"由××工具发送"类似的标注，这样人们就会不经意地记住这个产品。这也是一种病毒式传播，就像你经常会在别人的微博下看到"来自FaWave"（如图8.4所示）、"来自36氪"一样。

（4）激励效应传播（Incentivized virality）

这个其实很简单。比如你在一个网站上邀请了其他人加入进来的时候，系统会给你相应的奖励，就像 Dropbox 会给你增加空间、某些游戏会给你发放金币一样。这种策略虽然很简单，但屡试不爽，只要你不搞得原用户对此感到恶心就行。

（5）可植入性传播（Embeddable virality）

这种病毒式营销非常适合内容性网站，比如以文章、视频、资料等为主要内容的网站。在这些内容里面，原创者会把原创信息植入进去，这样无论这些内容怎样传播，原创信息都会被用户看到。这看起来像是"软文"，但其实并不是软文。最简单的例子就是现在已经泛滥的"视频广告"，前面来一段感天动地、制作精良的短篇，最后却来了个毫不相干的品牌名称（当然，有一些广告还是有关联的）（如图 8.5 所示）。

图 8.5　电视与视频的博弈

（6）签名式传播（Signature virality）

顾名思义，就是在传播本体最后加上一个签名。最常见的比如你做在线调查，最后生成调查报告时，通常会有一句"来自×××调查网站"；或者当你看到信息图的时候，最后都会有一个"本信息图汉化来自 36 氪"的小图标。

（7）社交化传播（Social virality）

这种传播依附现有的社交网络，当用户使用该产品的时候，社交网络会将相关信息显性或隐性地传播给其他用户。比如美国最大的社交网络游戏商 Zynga 就是通过这种方式，当你在玩某一游戏时，其他好友就会收到你正在玩这个游戏的信息，这样吸引新用户的速度就会变得更快。所以，这就是为什么很多网站会通过 Facebook、微博等社交网络来授权注册账户（如图 8.6 所示）。

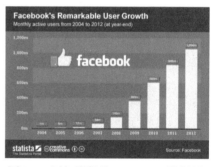

图 8.6　逐年增长的 Facebook 使用量

（8）话题性传播（Pure word of mouth virality）

注意，这不是单纯的口碑效应。尽管里面有一些口碑效应的因素，但不全是。话题性传播是指人们愿意讨论这款产品或和这款产品相关的事件。比如你的产品确实很酷，或者出现了一个很值得人们讨论的话题，人们在讨论中便会记住你的产品或相关信息。但这种效果很难量化，因为如果话题只是该产品创始人的八卦信息的话，则很难知道有多少人会因为这个八卦信息而使用你的产品。最后要注意的是，话题有好有坏。如果你制造的是反面话题的话，那就不是病毒式营销了，而是公关危机了。

8.1.3　病毒式营销案例

病毒式营销成功的案例数不胜数，下面列举两个典型案例。

① 吃垮必胜客

图 8.7　必胜客

图 8.8　Hotmail 标志

必胜客（如图 8.7 所示）采用的是一份题目为《吃垮必胜客》的邮件，里面介绍了盛取自助沙拉的好办法，巧妙地利用胡萝卜条、黄瓜片和菠萝块搭建更宽的碗边，可一次盛到七盘沙拉，同时还配有真实照片。

下面是一位网友的感受："我当时立即将邮件转发给我爱人，并约好了去一试身手。到了必胜客，我们立即就要了一份自助沙拉，并迫不及待地开始按照邮件里介绍的方法盛沙拉。几经努力，终于发现盛沙拉用的夹子太大，做不了那么精细的搭建工艺，最多也就搭 2~3 层，不可能搭到 15 层。"

② HOTMAIL "追尾"

Hotmail.com 是世界上最大的免费电子邮件服务提供商之一。在创建之后的 1 年半时间里，就吸引了 1200 万注册用户，而且还在以每天超过 15 万新用户的速度发展（如图 8.8 所示）。

令人不可思议的是，在网站创建的 12 个月内，Hotmail 只花费了很少的营销费用，还不到其直接竞争者的 3%。Hotmail 之所以呈现爆炸式的发展，就是因为利用了"病毒式营销"的巨大效力。

其原理和操作方法很简单：总是在邮件的结尾处附上一句"现在就获取您的 Hotmail 免费信箱"的链接。

病毒式营销有四个阶段，即转换阶段、投入阶段、反应阶段、更新阶段。

· 8.2　微博营销

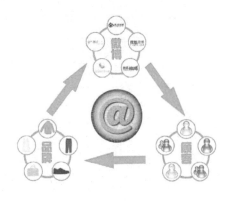

图 8.9　微博营销

"两年前谁也不知道微博会如此火爆，一年前很多企业不相信微博可以作为专门的营销渠道，6 个月前大家不相信微博可以卖东西，现在很多企业争着做微博营销，因为大家知道微博上可以做广告、可以宣传品牌，现在我告诉大家微博还可以开店卖商品，你信吗？信不信由你，反正我信了。"

这是业内人士对微博营销出现时的点评，可见微博营销突飞猛进的态势（如图 8.9 所示）。

与国外的 Facebook、Twitter 流行相比，在中国微博的流行更具有代表意义。从零到 3.24 亿注册用户数，新浪微博只用了两年多。CNNIC 报告称，微博成为中国增长速度最快的互联网应用，用户人数可以用"暴增"来形容。在新浪微博上，已经有 30000 个政府机构及官员、50000 家媒体、13 万家企业入驻。新浪与腾讯微博、网易微博和搜狐微博的注册用户总数已经突破 6 亿，每天日登录数超过 4000 万；同时，微博用户群又是中国互联网使用的高端人群，这部分用户群虽然只占中国互联网用户群的 10%，但他们是城市中对新鲜事物最敏感的人群，也是中国互联网上购买力最高的人群。

微博营销以微博作为营销平台，每一个听众（粉丝）都是潜在营销对象。企业利用更新自己的微型博客向网友传播企业信息、产品信息，树立良好的企业形象和产品形象。每天更新内容就可以跟大家交流互动，或者发布大家感兴趣的话题，以达到营销的目的，这样的方式就是新兴推出的微博营销。该营销方式注重价值的传递、内容的互动、系统的布局、准确的定位，微博的火热发展也使得其营销效果尤为显著。微博营销涉及的范围包括认证、有效粉丝、话题、名博、开放平台、整体运营等。当然，微博营销也有其缺点：有效粉丝数不足、微博内容更新过快等。自 2012 年 12 月后，新浪微博推出企业服务商平台，为企业在微博上进行营销提供一定帮助。

8.2.1　如何精准进行微博营销

微博精准营销：抓需求定内容。微博能实现"免费"的品牌、宣传、营销、客服等各种功能，国航与财付通合作搬上了微博，销售额增长了 3.3 倍，活动结束后，销售继续稳步上升。对企业微博而言，信息的"质"要比"量"重要得多。即内容为主，而非渠道为王。

社交化的电子商务，在 Facebook 上已逐渐被证实是一种非常有潜力的商业模式。在中国，微博平台也正在凸显这样的潜力。

图 8.10　东航凌燕微博

诸如凡客诚品、恒信钻石、东航凌燕（如图 8.10 所示）等，是第一批被媒体树立为企业运用微博实现精彩营销的典范。如今，小到餐厅、美发店，大到国航、电信、保险等行业，微博的"威慑力"已充分显现。这些成功的案例证明，网络沟通和其信息分享模式已可以直接影响到企业的业务与声望。

但微博这挺更善于"扫射"消费者的"机枪"用在营销中，并非每个企业都能将被"关注"的价值最大化。博雅公关亚太区 CEO 鲍勃·皮卡德表示，企业必须学会去讲一个数字化的故事，从各个方面参与到社交媒体平台上，以保证所提供的内容在不同平台都可以被利用和传播。

鲍勃·皮卡德认为，企业通过社交媒体与客户建立直接联系，是一种蜘蛛网式的传播方式，是爆炸式、传染式的沟通。面对这样一个没有边界的传播平台，如何准确抓住用户需求，将想要传达的信息有效传播出去来实现商业目的，便显得格外重要。

（1）准确抓住用户需求

如今在新浪已经超过 3 万家微博注册的企业，腾讯已超过 2 万家。"每天都有 40 家以上的企业注册或申请加入。"这是腾讯微博商业运营中心总监艾芳提供的数据。就在一年前，利用微博营销的方式还不被企业认可，如今企业却纷纷加大在微博营销上的投入力度。

对于企业来说，微博首先可以帮助它们在网民中进行辅助宣传。科比来中国之前，耐克便通过官方微博把消息披露出去；科比在中国期间，耐克发布会等活动都会邀请科比在微博上的粉丝参加，很快便提升了微博用户对耐克的关注度，成功地实现了品牌宣传。

其次，企业和个人一样，可以通过微博去塑造自身形象，在关注者间形成更好的口碑。例如，以往人们对东风雪铁龙的品牌印象大多是偏时尚、定位于白领男性。在其公司微博上，除了与车有关的信息，还会谈论和车有关的生活、旅行等话题（如图 8.11 所示）。这吸引了超过 60 万的粉丝，其中有三分之一是女性。这些关注者来自各地，有不同的教育和职业背景，形成了一个鲜活的群体，完全打破了人们对东风雪铁龙的传统印象。"你会经常看到员工和粉丝的互动，用户能切实感觉到他们的员工年轻有活力，且思路活跃，爱生活，讲究品位。"艾芳介绍，用户因此逐渐对企业有了立体的感知，增加了对品牌的好感，软化了企业形象。

图 8.11　东风雪铁龙微博

最后，作为营销渠道，社交媒体比传统媒介更加廉价和灵活。尤其对中小企业，微博可以说是量身定做的平台，公众通过对话、参加活动关注和了解企业及产品，从而有效地拉动实际销售。一个典型的例子是好乐买（如图 8.12 所示）。一款新款女士凉鞋，配上图片和互动，就能引来很高的关注度，每天通过微博实现的销售常常超过上千订单。"企业相当于在微博上开了一个店铺，客人永远都在那里，只要产品质量好，配送方便且价格公道，用户就愿意购买。"艾芳认为。

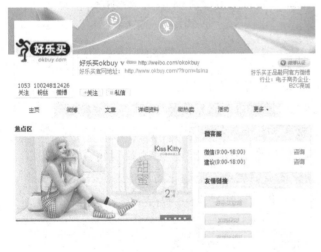

图 8.12　好乐买微博

知名品牌客户则更多地将微博作为一个广告平台。国航在今年春节时，适时地抓住用户回家团圆的心理诉求，利用微博进行品牌推广加促销。活动期间，国航跟腾讯的财付通合作，即用户通过财付通买机票，将返还成交价的 20%。活动前后，国航通过财付通的销售额增长了 3.3 倍。活动结束后，销售继续稳步上升。用户正式通过微博了解到，通过财付通也可以买机票，不仅方便，还能享受折扣。

不可否认，企业利用微博营销，只要把服务、产品、互动有效地和用户需求结合起来，便会发现更多商机；而要在微博的平台上打持久性胜仗，更加关键的是内容。

（2）内容为主

对企业微博而言，信息的"质"要比"量"重要得多。鲍勃·皮卡德认为，企业在使用微博时，聆听很重要，需要更好地思考和细分目标受众，而不是把内容生硬地推给受众。企业要关注的不是粉丝量，而是深入思考利用增加的粉丝所要达到的商业目的。

所以企业在经营微博时，要以内容为主，而不是渠道为王。人们常常花心思思考在 Facebook、Twitter、微博上的内容应有什么不同，实际上更重要的是回到沟通的根本——企业希望与受众分享什么，企业想要建立一个什么形象，将企业人格化，找到特点和个性，这是最关键和基础的问题。

企业要更好地利用微博平台，从线上到线下，就应该更主动地做数据库的营销。鲍勃·皮卡德认为应该找到志同道合的朋友，主动邀请目标用户加入自己的社交团体和不同的线下活动，运用主动、细分且精准的内容来达到目标。

在腾讯微博上，中国电信（微博）除了企业账户，旗下的主要品牌都开通了微博，如天翼、爱音乐（如图 8.13 所示）等。省级电信、地市级电信也都纷纷入驻，形成了一个规模化的　团队。集团微博统一管理这些信息，使其符合公司整个运营政策。另外也会发布一些官方内容，组织品牌活动等；爱音乐微博因用户群针对年轻消费者，其内容主要跟音乐、年轻有活力的生活方式有关；而天翼微博则相对更商务，内容包括旅行秘籍、保健、职场话题、人生感悟等，也会有诸如智能手机等产品的促销活动；各地运营商的微博，则更注重在本地的销售，通常以发布套餐、活动以及业务指南等内容为主。微博还利用客服人员和用户互动，针对用户的使用、操作、资费等问题，第一时间作出回答。

一家亚洲知名汽车制造商为利用社交媒体，专门启动了一个全球社交媒体内容制造项目，负责设计图片和内容，制作一系列完整的故事素材，提供给社交媒体上的用户。

"社交媒体给了企业自己成为媒体的机会，可以制作内容，和消费者沟通。"鲍勃·皮卡德说道。传统媒体拥有最大化的媒体公信力，但是随着社交媒体的出现，很多公司已经不需要通过媒介与受众沟通了，它们可以直接到达自己的目标受众。

鲍勃·皮卡德还强调，与社交媒体打交道其实和传统媒体类似。在微博的平台上，企业同样需要主动找目标受众，并建立有效的交流和沟通，尽管技巧不同，但核心的战略是相同的。

图 8.13　中国电信爱音乐微博

8.2.2 微博营销案例

▶ [案例] 奇瑞汽车的微博营销

图 8.14 奇瑞标志

图 8.15 奇瑞 E5

图 8.16 奇瑞汽车的微博营销

随着微博的火热，越来越多的车企也开始试水"微营销"，无论是合资进口还是自主品牌，都想在这里风生水起，从中分一杯羹。但相较刚开始的火爆，现在微博正迈入"后微博时代"：很多用户开始厌倦企业官微那些一成不变的内容与单调的活动形式，当品牌开始疯狂营销之时，受众却出现了审美疲劳。

后微博时代的来临给企业的微博营销带来了很大冲击，不断减弱的效果让很多企业开始反思到底如何才能找到正确的营销之路。而另外，去年"光棍节"的电商狂热，使得大家又都开始把目光焦点投回这块领域。

那可否将电子商务与微博做一下结合？

本着这样的冒险创新思路，奇瑞 E5 成为了第一个试水该模式的车企品牌。与目前各微博大多采取通过拥有众多粉丝的微博大号转发信息、发起活动等模式相比，奇瑞 E5 为新的活动加入了转播降价、限时、限量促销等充满刺激的电商风格玩法（如图 8.14 ～ 图 8.16 所示）。

（1）强调用户的自发兴趣

据了解，奇瑞 E5 这次的"转"回家活动，借助新上线的"微卖场"功能，使网友可以直接在微博中团结起来，为这款奇瑞重量级的新车重新定价！网友每转发一次微博，商品价格就会自动下降 0.5 元。这样的变化，使得用户参与活动的兴趣大大增强。有网友表示，奇瑞 E5"转"回家活动最有意思的不仅仅是"转播降价"这个新鲜体验，更好玩的是还可以跟其他网友一起体验降价过程中的"心理博弈"。

据报道，3 月 15 日上线的奇瑞 E5 优悦型 CVT 截至 20 日当天，就已经累计被微博粉丝转播 7 万多次，累计降价 2 万 5 千多元，降幅高达 33%。

（2）对传播效率有优化作用

通过"转"回家活动，奇瑞 E5 在微博的听众数天之内涨了 3 万多人，平均 1 秒就有 2 位粉丝加入。相比活动前的鸦雀无声，现在奇瑞 E5 微博里面是评论回复人声鼎沸。"微卖场"的活动微博为其带来了近十万次曝光。电商最为看重的购买转化率指标，远高于其他传统渠道带来的转化水平。

事实证明，微博加电商的微卖场活动形式效果非常诱人。而在传统微博中，当粉丝数量达到一定程度后，其实活跃度是在下降的。所以许多活动的互动感觉都是死的，比较枯燥。但在奇瑞 E5 的"转"回家活动中，每个用户几乎都是真实的（如图 8.17 所示）。

虽然目前奇瑞 E5 的活动还未降到购车价位，但不少业内人士已对这种新的微博活动形式投以肯定的态度，"能关注产品的大多是活跃粉丝，他们的关注对新品来说就是一个调研。如果产品出来，没什么人关注，那么可能是在价格、定位上有问题；如果很多人关注，那么可能就证明它是受欢迎的。"

这也是奇瑞 E5 这个活动背后所具有的开创性意义。它将社会化媒体、电商以及汽车营销三者融为一体，而并非以前单纯的两两结合；并且这样三种工具结合在一起还发挥到了最大功效，将大家一直津津乐道的微博整合营销概念变成了优秀的直观效果，我们可以看到后微博时代的新营销趋势已越来越明显。

图 8.17 奇瑞微卖场

· 8.3 微信营销

微信是一种更快速的即时通信工具，具有零资费、跨平台沟通、显示实时输入状态等功能，比传统的短信沟通方式更灵活、智能，且节省资费（如图 8.18 所示）。

图 8.18 微信

8.3.1 微信的影响

8.3.1.1 微信改变我们的生活方式

微信于 2011 年 1 月上线，其积累 1 亿用户花了 14 个月时间，从 1 亿用户增长至 2 亿用户花了 6 个月时间，而此次从 2 亿用户增长到 3 亿用户仅用了 4 个月时间。这表明微信进入了用户增长爆发期。截至 2013 年 3 月，微信注册用户量已经近 4 亿。

与以往那些大获成功的互联网产品不同的是，微信用户全部为手机用户，并且大多为智能移动终端用户。未来世界，方寸之间，不到 5 寸大的智能手机将影响世界格局。计算机互联网的出现带来了人类历史上第三次工业革命，而移动互联网的兴起将让人类科技革命整体格局再度巨变。如此宏伟的移动互联网革命，带来了 3G 网络以及 WiFi 的

图 8.19 微信改变我们的生活方式

普及，带来了智能手机的普及，带来了基于移动设备开发的各种实用好玩的移动互联网应用。而随着这一切的就绪，人类步入了移动互联网时代。在这个振奋人心的时代，微信诞生了，并正在以迅雷不及掩耳之势迅速垄断以智能手机为主的智能移动终端屏幕。可以看到，身边所有人，只要是拥有智能设备的，基本都在使用微信（如图 8.19 所示）。

可以说，从来都没有一款互联网产品能拥有如此广泛的用户维度，能够渗透到各类人群之中。从出租车司机、长途货车司机到扫地阿姨，从 12 岁初中生到退休老人，从在校大学生到上市公司董事长，从大西北小镇生意人到北京 CBD 白领，从科技公司技术宅男到跨国公司市场总监，从家庭主妇到时尚辣妈等横向跨度老中青少四代，纵向跨度各行各业。

杭州出租车司机用微信群调度运力，乘客只需加入该微信群，提前在群里说好乘车时间、地点、目的地，就可以在打不到车的时候便捷地获得出租车服务。

之前利用互联网营销较少的生产加工型企业发现，微信是他们维护客户、经营客户的利器，因为他们的目的是让客户依赖他们，而这正是微信营销的核心所在。

扫地阿姨用微信与在外地工作的女儿语音聊天，有时候还和女儿视频。与发短信相比，通过语言聊天要方便多了，而且还不收费。上市公司董事长关注《创业家》杂志的微信公众账户，能够随时随地收看每日推送的最新创业项目，了解创新走势。移动互联网是碎片化的，用手机抽空看比直接看杂志方便多了。

因在外地工作而无法常常见到家人的人，可以建立一个微信群，群的名字就叫"家庭"，群里有爷爷、奶奶、爸爸、妈妈、表姐、表哥等，就在这个小小的微信群里，每天都会有新的亲人动态。

时尚辣妈天天用微信，那是因为在微信上可以直接买东西。有的企业微信公众账户可以实现直接购买，不用逛电商网站，也不用很麻烦地去下载 App，直接告诉微信你要什么，商品就弹出来了，点击确认购买货就送来了。

微信已经深入人们生活的方方面面，具有超强的实用性，几乎每个人都在使用微信。如此多的企业目标消费者聚集在微信上，微信的营销价值将无法估量！

8.3.1.2 微信改变企业的营销环境

企业的营销环境也被改变了。之所以会被改变，是因为企业目标用户的沟通交友方式、获取信息及服务的方式改变了。每一个新媒体的出现，都会带来企业营销方式的巨变。微信也不例外，它已经拥有了近 4 亿用户，而且专为企业提供了公众平台和技术开发平台，企业可以在微信上完成从市场调研到客户管理、

图 8.20 微信改变企业的营销环境

客户服务、销售支付、老客户维护、新客户挖掘等的所有工作（如图 8.20 所示）。

　　微信营销的真正价值就在于"信"，而微信营销的核心是如何让顾客产生对企业的依赖。说到"信"，既有信息的意思，更有信任的关系。微信还有一个做连锁餐饮的客户，这个客户本着诚信第一、服务至上的原则，通过微信与来就餐的消费者建立了可靠的相互信任关系，原来每个月来 3 次的客人现在每个月会来 5 次。

　　随着营销思路的开阔和营销方式的多样化，目标客户不断加入，生意越来越好。这就是微信的"信"！信息要让客户信赖，功能要让客户依赖，而新客户的获取一定是靠好友间的信任实现的。

　　再说依赖。微信营销的核心是让粉丝充分依赖于企业，这也是微信对于整个广告行业和营销行业来说最具颠覆性的地方。微信的粉丝是最精准的，而且微信本身就是个私密的个人沟通工具，粉丝在和企业微信互动的时候就已经将自己的需求点告诉了企业，企业需要做的只是顺水推舟而已。那么如何让这些粉丝源源不断地给企业带来"财富"呢？那就要让他们产生依赖！

　　依赖的价值是什么？依赖会使粉丝牢牢地待在企业微信公众平台上，同时非常愿意向自己的好友推荐。举例来说，很多教育机构的微信公众平台上都有翻译功能——这个功能虽小，却让这些教育机构的微信公众平台从人们想象中的"信息发射器"变成了实用工具，粉丝的依赖性自然也就不一样了。而且粉丝也非常乐意将其推荐给自己的好友，如果再配合上活动和互动，效果不好是不可能的。

　　阿里巴巴集团对外发布的网络营销报告称"九成以上中小企业存在网络营销瓶颈。绝大多数网站经营者寄希望予搜索营销带来访客流量，却不知如何把自己网站的访客流量转化为自己企业产品的销量。'通过分析国内数万企业网站用户的数据情况不难发现，网络营销一般都是三部曲：建站＋推广＋电话；在微信时代来临之前中小企业学会了门户＋搜索＋论坛等多种网络营销策略的综合运用。网络营销提倡按效果付费，但对中小企业而言，如何使流量转化为销量已成为企业网络营销的瓶颈。企业投资在网络营销方面的钱越来越多，效果却没有显著提升。如今企业需要的不再是单纯的网站推广，而是整合性更强的全面网络营销手段。笔者了解到，网络营销行业普遍存在一个'漏斗现象'：企业大把花钱筹建网站和市场推广营销，但引来的网站访客 80% 来一次就流走了，有 15% 的访客流量访问多次但不留任何信息，有 4% 的访客流量留信息但不主动联系，只有不到 1% 的访客最终与企业完成了交易。不少企业老板表示'中小企业在如今经济形势下，网络营销不得不做，同时我们对效果和性价比也有更高的要求。'"

　　目前，还有很多企业将通过自己的网站开拓网上销售渠道，增加网上销售手段。企业建立网站的目的就是扩大销售，一个功能完善的网站本身就可以完成订单确认、网上支付等电子商务所具有的功能，即企业网站本身就是一个销售渠道。通过各种营销方式进行企业网站推广，就算获取再大的流量，如果不能给企业带来客户订单也是徒劳。网站推广的成本是很大的，这种双向的推广造成的整体转换率很低，很多采取这种方式的企业也都遭遇了"投入很大、热情很高、回报很少"的窘境。

大品牌企业做营销，更多的是品牌传达、传递品牌诉求、主办品牌活动、附加新品推介。但这所有的一切都不是 F2F 营销。如果企业为品牌付出了巨额的推广支出，而顾客看到品牌的活动和广告后，却直接去线下购买了，则企业不但不知道谁看了，更不知道谁去买了；如果顾客是在互联网上看到的话，或许可以统计到多少目标用户点击了、多少人参与了、多少人购买了。在线上购买这个环节，好歹可以留下用户的姓名、手机号、地址等数据，但这些数据都是沼泽数据，深挖就会掉入泥潭，因为实在太费劲了。微信出现之前的传统品牌营销方式，每次品牌预算推广都可以看成是一次一竿子买卖，做完生意走人，品牌最终什么都留不下，或者留下来的很少。要想把这个一竿子买卖做成持续性的事业真是天方夜谭，因为目标消费者的很多数据，包括最重要的顾客在想什么，品牌企业根本不知道。

而微信营销却能解决上述所有的问题，让 F2F 营销时代来临。微信对品牌企业营销最大的威力在于以下两点。

① 微信公众账号可以聚集品牌新老消费者，实现闭环真正将自己的目标消费者变成自己的铁杆死党，把属于自己的东西握在自己的手里

一直以来，品牌尽管在媒体上投放大批预算进行营销，但营销过后目标消费者最终还是媒体的，下次要营销还得去找媒体。而微信的非凡之处在于，每次营销都是有沉淀的，目标消费者真正变成了自己的铁杆死党；支持文字语音以外的所有多媒体发布互动形式，完全满足企业营销需求；手机端的特性保证推介能随时随地到达目标消费者手中。企业新品发布、品牌活动、售后服务都可以在微信公众账号实现，让一竿子买卖营销彻底消失、让电话客服无工可做。

② 微信公众账号实现直接销售下单付款

微信很快将推出微信支付功能，通过第三方技术公司，微信开发平台技术接口程序打通品牌企业可以通过这个看似很小，却宏若泰山的微信公众账号直接为消费者提供购买服务。

微信公众平台开通以来，敏感的企业已在微信营销起航，并已在微信营销战场拥有了自己的强大阵地。它们包括星巴克中国、艺龙、杜蕾斯、飘柔、凯迪拉克、招商银行等。

在不到半年的时间里，包括星巴克在内的大品牌企业已经在微信上拥有20多万粉丝，它们的积极探索带来了丰厚的营销回报，目标消费者活跃度非常高。在如此庞大的手机端用户基础上，品牌要想知道消费者的数据，甚至他们在想什么、买了什么，都可以通过微信公众账号实现。微信营销打通了 F2F 营销模式的"任督二脉"，大品牌不容错过（如图8.21所示）。

图8.21 星巴克中国开启微信营销新模式

8.3.2 微信营销案例

▶ [案例] 三星 GALAXY S4 的微信推广

（1）案例背景

三星 GALAXY S4 于 2013 年 4 月全新上市，随着新媒体的飞速发展，用户获取信息的渠道由传统平台逐渐转变为无线互联平台。三星 GALAXY S4 手机为了更好地进行新品上市及多元化服务传播，选择飞拓无限帮助自己在腾讯微信公众平台构建了"三星手机"账号，作为新的宣传渠道和客户服务平台（如图 8.22 所示）。

图 8.22　三星 GALAXY S4

（2）营销目标

① 整体传播目标　在微信社交媒体上打造 GALAXY S4 粉丝聚集地，通过当前最流行的社交媒体平台与目标群体进行深度互动，获得用户好感。通过同粉丝深层次的互动及交流，精准传达产品信息及优势，引发受众对产品的关注进而达成促进销售的最终目标。

② 商业性目标　通过一系列营销服务拉近粉丝同品牌的距离，打造三星 S4 手机粉丝聚集地；并通过粉丝聚集地实施日后的会员绑定服务、在线一对一客服服务、客户细分及信息归类服务等，最终实现促进订单转化及提高服务质量的商业目标。

③ 消费者行为目标　通过在微信公共账号策划的一系列营销活动，增强同潜在用户的互动，引导消费者对三星 S4 手机产生关注并积极参与活动、朋友圈口碑传播及产生最终产品购买行为。

图 8.23　三星 GALAXY S4 广告

④ 消费者认知 / 态度目标　通过在微信公共平台上开展的一系列营销活动，向粉丝传递三星 S4 手机产品信息及优势，希望能够通过朋友圈进行口碑传播。

（3）目标受众

三星 GALAXY S4 对目标消费人群并不限定，十分广泛，其强大的性能、酷炫的功能受到了很多年轻用户的喜爱，而内置的众多应用也深受商务人士的青睐。所以三星 GALAXY S4 是一部集娱乐与办公于一体的机型，面向所有智能手机用户（如图 8.23 所示）。

（4）创意表达

① 传播产品特性　日常推送内容主要是从产品宣传以及配件、手机的使用技巧等方面为消费者介绍一些实用信息。通过这种主动推送的方式，让用户随时随地都能了解产品特性，

图 8.24　三星 GALAXY S4 携手吴奇隆、
黄渤和刘烨三大影星拍摄的新广告
《旅程篇》

达到宣传产品理念的目的。

②三大男星助阵 GALAXY S4 新广告片发布　利用三大型男的明星效应，通过新颖的视频广告展现产品特性，在吸引用户观看的同时达到宣传产品的目的，从而引导用户关注三星微信公共账号（如图 8.24 所示）。

③"爱上春天"手机拍照活动　关注三星 GALAXY S4 手机微信公共账号并向该账号发送一张通过手机拍摄的春天照片 + 介绍，即有机会获得大奖。其目的是推广三星 GALAXY S4 手机强大的照相功能，吸引用户关注。

④母亲节，大声说出来："妈妈我爱你！"活动　利用母亲节打造节日营销概念，将对妈妈的爱意用语音或文字信息的形式发送给三星手机官方微信账号，即有机会获得大奖。

⑤萌照趣事一起来，GALAXY S4 陪你过"六一"活动　儿童节期间将自家宝宝的萌照趣事晒给三星手机，就有机会获得 Q 币大礼。通过活动将三星 GALAXY S4 特有的"故事相册"功能展现给用户，突出不仅能对手机中的照片进行特效处理，还有添加字幕和双镜头拍摄的强大优势，且可以让拍照者也出现在合影里面的独特功能（如图 8.25 所示）。

⑥全天候人工值守和自动应答　针对粉丝对产品的问题进行回复与互动，让粉丝感受到三星的优质服务。

（5）传播策略

通过信息发布、创意活动、服务支持三方面，对三星 GALAXY S4 微信公共账号进行系统化运营，收集潜在客户信息，增加产品与消费者的互动机会。

（6）执行过程

从 4 月 17 日到 5 月 17 日，定期发布 GALAXY S4 的消息，使消费者全面了解产品特

图 8.25　GALAXY S4 让
你看到故事的两面

图 8.26　GALAXY S4
执行过程

性，达到宣传品牌理念的目的。除了日常推动外，三星 GALAXY S4 还通过富有创意的活动与手机产品性能优势巧妙融合，让用户在参与互动的同时，加深对产品的了解，提升品牌好感度（如图 8.26 所示）。

在一些特殊时间推出相应的活动，推出"爱上春天"手机拍照活动，向 GALAXY S4 官方微信公众账号发送用手机拍摄的春天照片 + 介绍，通过中奖机制提升互动程度的同时，宣传了 GALAXY S4 手机强大的照相功能。在微信公众账号上同步发布三大男星助阵 GALAXY S4 的新广告片，利用明星效应，展现品牌力量。在母亲节推出母亲节活动，大声说出："妈妈我爱你！"打造节日营销，利用温馨又富有创意的活动拉近了与粉丝之间的距离。萌照趣事一起来，GALAXY S4 陪你过"六一"活动不仅达到了定期活跃粉丝的效果，还突出了手机中的照相特效处理，以及添加字幕和双镜头拍摄的强大优势（如图 8.27 所示）。

所有这些信息的发布不仅增加产品与消费者的互动，也刺激消费者的关注度，并推荐其进行购买；同时，采取不间断的人工值守和自动应答的服务支持策略，让消费者享受三星的优质服务。

（7）效果总结

截至 2013 年 8 月 6 日，共进行了互动活动 10 期，日常推送 12 期，三星 GALAXY S4 手机微信公共账号粉丝总量为 84800 人，参与活动总人数为 10178 人，互动信息 158082 条。在创意活动期间，粉丝增长量明显大于日常增长量，说明创意活动对于拉动粉丝增长起到重要作用。

图 8.27　GALAXY S4 推出的微信情感话题活动

· 8.4　App 营销

8.4.1　App 改变我们的生活方式

顾客的变化是一个根本的事实，大多数企业已经确认这一点，但是仅有这个认识还不够，还需要清楚围绕顾客变化所做的努力如何展开。这就要求企业能够围绕着顾客思考，来选择自己的战略。可以说，对于顾客的理解是营销最根本的目标。

全球科技已经从机械化时代进入数字化时代，互联网、计算机、智能手机、智能穿戴和社会化媒体等新兴事物正在对消费者的生活方式和消费模式、生产厂家的生产方式和营销手段同时造成深刻的影响。人们逐渐习惯了使用 App 客户端上网的方式，而目前国内各大电商均拥有了自己的 APP 客户端。社会大众越来越多地运用 App 将更多的功能化、情感化和精神化利益融入生活，在科技浪潮下，App 也迅速成为诸多国内外企业向消费者提供品牌体验价值的良好选择。

App 是英文 Application 的简称，由于 iPhone 智能手机的流行，现在的 APP 多指智能手机的第三方应用程序。目前比较著名的 App 商店有 Apple 的 iTunes 商店里面的 App Store，android 的 Google Play Store，诺基亚的 ovi store，还有 Blackberry 用户的 BlackBerry App World。

一开始，App 只是作为一种第三方应用的合作形式参与到互联网商业活动中去的。随着互联网越来越开放化，App 作为一种萌生与 iPhone 的盈利模式开始被更多的互联网商业大亨看重，如腾讯的微博开发平台、百度的百度应用平台都是 App 思想的具体表现。一方面可以积聚各种不同类型的网络受众，另一方面借助 App 平台可获取流量，其中包括大众流量和定向流量。

App营销依托移动互联网进行，使用移动终端呈现，以App形式发布产品、活动或服务、品牌信息。作为智能科技优秀代表，App带来了一种全新的媒体应用方式，也创造了全新的媒体交互环境，全新的传播方式对营销方式产生新的影响。App营销变"被动接收"为"主动吸引"，在传播信息的可靠度、信息的互动价值、信息的个性化特征等方面要比传统的广告形式更高，可以有效地改善消费者对品牌信息的接收。而通过娱乐方式搭建用户与品牌关系的纽带，可以利用不可复制的用户体验，提高消费者对品牌的好感和忠诚度。

作为品牌商，耐克在移动营销上起步很早。7年前，刚执掌耐克的马克·帕克曾联手乔布斯推出了Nike+iPod系列产品。它允许用户将传感器连接至iPod Nano、iPod Touch，从而记录用户运动过程中的相关数据。2012年年初，耐克公司推出了Nike+Fuel band，将其传感器连接至腕带式设备中；6月底，耐克又推出了专门领域的Nike+Basketball，与Nike+Training同属一个系列，只是将传感器改连接至智能手机（如图8.28所示）。

在营销专家们看来，这是一个越来越主流的载体。国际调研机构Flurry发表的《2012年App发展趋势报告》中提及，截至2011年12月底，Android App与iOS App Store全球累计下载超过280亿次，但App营销失败的概率也非常高。相对于那些消费者不得不被动接受的传统广告，App应用需要用户主动下载。2012年德勤公司的一个调查结果显示，在所有企业推出的用以营销的App中，只有不到1%能突破100万的下载量。对于品牌来说，如何吸引用户是一个大难题。

8.4.2 App营销案例——西门子时尚厨房

iPhone/iPad和App已经在主要城市广泛普及，由于自身轻巧的重量、便于携带的体积让它活跃在各种场合，如地铁、公交、办公室和咖啡厅等。但更多的人喜欢在回到家后，舒舒服服地靠在沙发上或者躺在床上享受iPhone/iPad，甚至侵袭到了似乎与电

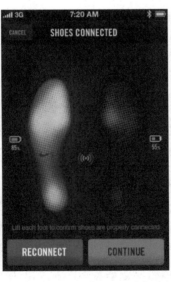

图8.28　耐克移动营销Nike+ Basketball界面

脑毫无半点关系的厨房。"时尚厨房"是一款精美实用的时尚菜式免费 App 应用，从推荐菜谱、定制食谱、时令美食推荐到烹饪视频，它是品味厨房生活的典雅伴侣。由于 iPhone/iPad 自身便利的特点，可以放在手边随时查看步骤，避免了多次往返于厨房和电脑前的尴尬，也无须再翻阅纸质菜谱，弹指之间便能烹制精致美食。

（1）西门子敢于创新，创造可持续价值

西门子是世界上最大的电器与电子公司之一，历经 150 年长盛不衰。目前西门子的全部业务集团都已进入中国，并活跃在中国的自动化与控制、电力、交通、医疗、信息与通信、照明以及家用电器等行业中。创新业已成为西门子业务成功的基石，研发是西门子发展战略的基本动力。西门子会根据环境不断调整业务组合，以便为全人类共同面临的最严峻的挑战提供解决方案，从而使企业得以创造可持续的价值（如图 8.29 所示）。

SIEMENS

图 8.29　西门子标志

"2013 增值电信业务合作发展大会暨移动互联网（北京）峰会"透露，据有关机构统计，2013 年年中我国移动互联网用户数达到 4.6 亿左右。除了用户规模快速上升之外，用户的使用强度也在增加。对于同时使用电脑和手机上网的用户而言，移动上网的时间已经达到每天 3 小时 40 分钟左右，占到每天平均上网时间的 69%。智能手机的使用使得 App 的应用有了一定的客户基础。而面临目前的 80 后、90 后市场，多数年轻人不会煮饭，但是又得学会自己下厨，越来越多的人在厨房中使用 iPad/iPhone，同时热衷参加各种趣味简单的活动并分享给身边朋友。西门子针对这一需求，将"现在开始敞开厨房"这一颠覆性理念带入中国，将更富有厨房乐趣的嵌入式家电带给中国家庭，为家人创造更宽敞的亲情空间，并率先在移动终端引入了这个美好的理念，为用户带来高科技的感受。

（2）iPad 美食侵入厨房，敞开味觉去想象

长期以来，厨房给人的印象都是油烟缭绕、热气扑面。然而西门子给出了另一种场景：烤箱里美味小饼烤至金黄，蒸炉中彩术三文鱼的时间恰巧结束，碗碟抽屉内的碗碟正热情等待即将出炉的食物……

基于在家电品牌中率先开发免费的"西门子时尚厨房"App，西门子品牌走在潮流及科技的前沿。这款 App 与众不同的特点，在消费者的头脑中留下深刻的印象。以"吃"为切入点，将产品介绍和菜谱融合，以简洁精致的外观、饱含情怀的内容、富有现代感的形式凸显品牌（如图 8.30 所示）。

这是一款生活应用类的软件，2012 年

图 8.30　"西门子时尚厨房"App

发布的第一个版本总共分为五大模块：推荐菜谱、视频饕餮、定制食谱、时令美食和微博分享；2013年发布的第二个版本又新增了产品介绍和品牌直营店，使产品与菜谱融合在一起。开发商非常用心，软件界面和触感体验都很好。该应用介绍了各种美食的制作方法，从准备食材到每一步具体的操作，让用户轻松制作出自己喜爱的美食。这款应用内置了大量精美的美食图片，同时满足界面设计精美的要求，黑褐的配色以及高清大图称得上赏心悦目，好像黑夜开启的香槟，为生活增添了别样的享受。内容方面主要分为四个部分：左上部分为美食图片；其右侧写有详细制作流程；图片下方有该款美食的简介以及制作原料；右下方会推荐适合这款美食的厨具。再加上 iPad 自身便利的特点，可以拿在手边随时查看步骤，避免了多次往返于厨房和电脑前的尴尬，这种烹饪方式可谓既方便又高档。

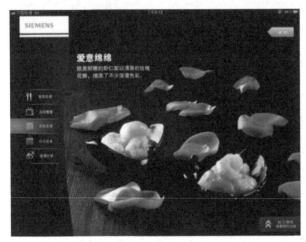

图 8.31　"推荐菜谱"制作界面

图 8.32　美食制作视频

"推荐菜谱"按照制作美食所需要的厨具分为四大类：幸福烘焙、真味留恋、无火饕餮以及最爱咖啡，客户可以通过滑动图片来更改需求。点击图片右上方的标签会浮出当前分类下的菜谱列表。列表中有各款美食的预览图以及简介，用手指拖动可以滚动查看其他美食。如果美食的简介较长，可以上下拖动简介中的文字进行查看，点击美食图片即可出现相应的放大图。在选好想要查看的美食后，用手指向上滑动即可进入美食制作界面，向下滑动会返回菜谱列表。在打开右侧的菜谱列表时也可以向上滑动直接进入制作界面，无须特意关闭菜谱列表（如图8.31所示）。

在制作界面中，点击带有视频的菜样将直接显示视频，客户可以一边查看视频一边制作。所有美食视频都可以直接查看，下面的预览图方便拖动。需要说明的是，这些视频并非是软件内置的，需要通过网络来观看。视频可以全屏幕播放，界面比较简单，操作方式和 iPad 默认视频播放方式相同（如图8.32所示）。

应用可以根据用户的需求快速选择菜谱。点击相应的图标后就可以选择各种美食，一些有具体需求的用户还可以在下方选择用餐的人数、烹饪时间、地区、季节来定制合适的菜样。可以选择1人或者2人用餐，或者选择亚洲、欧洲的菜系等。

　　通过引用 iPad 上的日期，该应用还可以根据时令自动推荐美食，比如小暑节气时就会推荐些凉菜（如图 8.33 所示）。

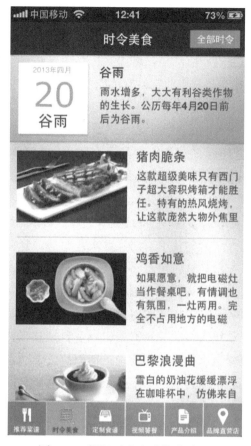

图 8.33　根据时令自动推荐美食

　　该应用还包括厨房产品介绍和品牌直营店的信息。在您购买家电时，它可以成为贴心的小助手（如图 8.34 所示）。

图 8.34　贴心小助手

（3）"西门子时尚厨房" App，传统企业的新渠道

移动互联网是块大蛋糕，传统企业看得到，也想吃得到。移动社交平台能够更加精准地帮助传统企业锁定目标用户群；移动社交平台能够增加用户黏度，形成互动营销。结合传统企业品牌本身的市场定位，在充分了解其移动客户需求的前提下，科学判断并找出满足消费者需求的利益点和驱动点，将 App 与移动互联网广告、微信、微博等其他社交媒体配合——组合战略对传统企业来讲有可能发挥更大的空间。

企业 App 商业模式是企业未来的主要发展方向，而任意一款拥有创意的 App 都离不开锁定特定的元素。创意本身的成败关键在于产品的贴近程度，找准自己创意的目的，适合自己公司和产品，满足用户需求的才是最好的 App。这样的 App 可以自我传播，企业可以在提升自己品牌影响力的同时获得丰厚的利润。家用电器商家做宣传产品的 App，与其他厂家相比较更为实用。首先，电器是大宗商品，用户做购买决策时需要时间去了解和对比，App 是纸质彩页宣传单的最佳替代品，环保经济，展示内容更多，展示效果更佳。其次，可以加入产品的使用方法，变成说明书的延伸版本。最后，还可以加上店铺信息、联系方式以及用户个人信息和发票信息，成为售后服务和搜集反馈的高效渠道。买电器逛门店，用户不用带回大包的纸质资料，只需手机扫一扫，下载 App 就可以回家做功课。这种方式很现代！

西门子观察到现代的年轻人很关注新鲜资讯以及科技感强的产品，他们对生活有着高品质的追求，自然对美食也有高质量的要求，他们热衷参加各种趣味活动并分享给身边的朋友。为了让这款 App 在消费者的头脑中留下深刻的印象，西门子将美食与中国的 24 节气相结合，根据时令推荐不同的美食，这使得消费者的饮食更加合理、健康。消费者还可以将喜欢的美食分享到微博，与好友进行互动。这款 App 全面地阐释了西门子独特的品牌个性。

（4）"西门子时尚厨房" App 推广及效果

通过广泛的渠道，告知"西门子时尚厨房"App 发布。运用各种途径，如制作优酷视频、官方微博、话题互动、人人网等途径让用户了解这款 App。配合西门子 App 网络推广传播需求，在受众聚集最多、话题产生最大的 BBS 中首先曝光 App 应用的 iPad 正式版，通过引发受众好奇心来扩大传播效果。创造"时尚厨房"话题、上传美食作品、微博美食送大家等形式与网民深入沟通，促进用户在 App Store 下载。

"西门子时尚厨房"App 上线后，总曝光量达到 4828 万次，总点击数为 51 万次，在有效提升品牌知识度和美誉度的同时，也带来了大批潜在的目标客户。"西门子时尚厨房"App 应用还摘取了金鼠标大赛手机无线营销类银奖。

"西门子时尚厨房"App 的成功之处在于以下几个方面。

① 用菜谱引出产品，无形中卸掉消费者的心理戒备

在"西门子时尚厨房"App 的"推荐菜谱"栏目中，美食分成四类：幸福烘焙、真味留恋、无火饕餮、最爱咖啡。在"视频饕餮"栏目中，消费者可以看到美食家是如何运用高科技厨房电器烹调时尚菜肴的。不同的菜肴对应不同的设备，如电磁炉的"无火饕餮"、

烤箱的"幸福烘焙"，咖啡机对应的"最爱咖啡"，以及微波炉菜谱。美食制作界面主要分为四个部分。在推销产品成为人人厌烦的今天，以"送健康"为由，再推荐创造健康的工具就显得那么自然。此外，每次打开 App，出现的菜谱都不一样；既令人感觉新鲜，又不会忽略其中的美味。

② 忧客户所忧，指导人们养生

将美食与中国的 24 节气相结合，有新意地接地气儿。中国传统 24 节气在指示气候变化的同时也指导着人们如何更好地养生（如图 8.35 所示）。一方面，人们的可支配收入逐渐增加，人们对"享受"的需求越来越强烈；另一方面，随着环境问题、食品问题的反面映衬，以及人们自身观念的改变，养生越来越成为人们追求品质生活的一种重要体现。而"食"是养生最重要的组成部分。因此，根据时令推荐不同的美食，使生活更加合理，健康便有其必要性和市场了。每个季节的特色美食都会不同，"西门子时尚厨房"App 的"时令美食"会根据目前所处季节推荐当季时令菜品。

③ 吃的不是饭，而是感情

厨房是打造美味佳肴的场所，拥有了一个好的厨房，才算是拥有对家庭的支撑。中国人的传统观念使其对厨房有一种难以割舍的情结。

"西门子时尚厨房"App 开篇致辞便是"敞开厨房，向老味道致敬"，立刻与中国传统味道惺惺相惜。老味道是妈妈为家人忙碌的味道；老味道是爸爸为家人打拼的味道；老味道是孩子成长的味道；老味道是事事变迁的味道；老味道是令人怀念的味道（如图 8.36 所示）。

图 8.35 中国传统 24 节气

④ 明确图片和美食的关系

福布斯中文网发表文章：图片营销时代已到来，图片是美食的启动机。看到精美绝伦的图片，爱好美食的吃货们便会心神荡漾、饥饿难耐，恨不得立即亲自品尝一番，形成条件反射。

同时，图片促使人们做出反应，这些反应可赋予品牌人性化的魅力，并将交易关系转化为情感关系。在 Facebook、Instagram 和 Tumblr 上，用户每秒分享的图片数量接近 5000 张，再加上 Pinterest 约 4000 万用户以及 SnapChat 的飞速发展，情况很明显，

图 8.36 敞开厨房，向老味道致敬

转变已经发生——人们希望用图片而非文字分享最重要的内容。

　　"西门子时尚厨房" App 在图片设计、视频设计上更是用足心思，黑褐的配色以及高清大图称得上赏心悦目，在用户打开应用的第一个瞬间紧紧地抓住用的眼球（如图 8.37 所示）。

图 8.37　精致的界面设计

　　⑤ 学烹饪变得更简单，解决用户烦恼

图 8.38　美食制作教程

　　绝大部分 80 后不会做饭，这已不是少见多怪了。但是，绝大部分 80 后又或多或少地需要学习做饭，这也是不得不正视的现象。于是，在网上搜索出各种美食制作教程，或者观看各种烹饪课程视频，忙碌地穿梭于厨房与电脑前之间。总不能把电脑放在煤气炉旁吧！

　　但是，现在可以把手机或平板电脑放在厨房里了。厚重的烹饪教科书、不完整的网上制作过程、来回在厨房与电脑前之间的情景可以统统抛弃；并且从选用什么材料、制作步骤、放多少材料、制作多长时间甚至是做多少份量不至于造成少菜的尴尬和浪费等问题，现在都可以随时随地得到解决——下载"西门子时尚厨房 App"（如图 8.38 所示）。

　　⑥ 与 SNS 相结合，分享更快乐

　　与好友分享美食，并相约一起品尝或制作是一件令人愉快的事情。在"西门子时尚厨房"App 中输入自己的微博账号，经过授权后，就可以将自己喜欢的美食分享到新浪微博、腾讯微博、开心网、人人网和豆瓣网，与好友进行互动，让他们也试用一下。说不定以后去朋友家聚会时，他们也在使用这款应用制作美食来招待你呢（如图8.39所示）。

图8.39　聚会餐推荐

不再仅仅是休闲娱乐，更是你日常生活的必需！"西门子时尚厨房 App"让 App 的应用不再仅仅局限于娱乐，更进一步迈向"有用"的元素，成为生活必需的一部分。这成功地让西门子的品牌在无形中融入了人们的生活，成为了不可或缺的一部分。

8.5　蜂窝式营销

8.5.1　什么是蜂窝式营销

一个新的营销用语正受到人们的狂热追捧，这就是"蜂窝式营销"。无论从流行报刊的文章到教室里的交谈，还是从大公司到小营销企业，突然间你发现只要在讨论新产品，就离不了"蜂窝式营销"这几个字。沃顿商学院营销学教授芭芭拉·卡恩（Barbara Kahn）认为，"人们对待蜂窝式营销的劲头本身就像一次蜂窝式营销"。"人们认为这很酷。使用蜂窝式营销向大众推销产品这主意本身就像是有什么魔力似的"。

（1）让"内行者"影响

简单地说，蜂窝式营销是通过征集志愿者试用产品，然后让他们根据亲身体验向其他人推荐产品的一种营销方式。这种营销方式的理念是：人们在公共场合看到产品使用的次数越多，或者从他们所认识和信任的人处听到这种产品的次数越多，他们就越有可能为自己购买这种产品。当然，口碑很久以来就被许多人用作购买他们所喜好产品的依据，人们也据此了解自己所喜好的电影、书籍和餐馆方面的新信息。营销学教授杰瑞·韦德（Jerry Wind）说道："多年以来，人们已经认识到了口碑在说服和打动以及影响消费者行为方面起着巨大的作用。口碑比传统的广告更具可信度。"但是直到近期，公司才开始建立相关的营销体系，引导利用口碑传播的方式，并且试图在营销活动结束后对其效果加以测量评估。卡恩认为："蜂窝式营销本身并不是新事物，对各种不同种类的蜂窝式营销人大肆炒作才是过去所未见的。"

在实际操作中，蜂窝式营销可以有多种不同的形式。一些公司会聘请特定的人执行蜂窝式营销方案，这些人被迈科·葛莱维（Malcolm Gladwell）称为"内行者"（参见《引爆流行》一书）、"影响者"或者"早期使用者"。他们是文化潮流的引领者，能先知先觉地感知到那些酷的东西。卡恩说："葛莱威使用了大家都能理解的术语，这些人基本上是指那些能分清什么是酷的人。我们都认识一些这样的人——他们能先一步告诉我们哪儿有很棒的餐馆，或者他又买了什么时髦的衣服。""蜂窝式营销起作用的前提是我必须相信这些人确实有鉴赏力，能告诉我一些我不知道的信息；否则，他们就没有向我提供任何新的信息。"宝洁公司曾大规模地采用这种营销方式，他们聘请了成千上万的"内行"年轻人为新产品——一些很普通的新产品，例如牙膏——制造口头传播的效应。韦德称："宝洁最早开始蜂窝式营销的实践，曾聘请了25万年轻人来进行产品的宣传和推广，制造口头传播的效应。现在他突然认识到口碑传播的强大力量，开始聘用妈妈们来进行蜂窝式营销。"

（2）让你感受"圈内人"

蜂窝式营销是一种与传统的电视广播广告不同的营销方式。后两者是经典的"大众营销"方式，其性质是把信息在尽可能大的范围内扩散传播开，并且假设这种方式是让尽可能多的感兴趣的消费者接触到信息的最佳办法。而蜂窝式营销，又可称之为"微观营销"。假定人与人之间的营销信息传递更加有效，因为这更个人化。蜂窝式营销的假设是在满足以下条件时，其传播信息可比广告信息接触到更多的人群：这个条件就是必须聘请大量有着广泛社交圈的人，并且这些人在向其他人推销产品时没有任何不安。

韦德指着一份由CNW市场调研公司完成的有关全美前15位电视市场的调查报告说，从这份报告中可以了解为什么现在蜂窝式营销对公司如此重要。通过这项调查发现，超过半数的轿车、信用卡和宠物类产品的广告被电视观众所忽略；并且，42%的家用产品广告和45%的快餐食品广告也被忽略。在拥有TiVo等个人视频录制设备的观众中，广告被忽略的情况更加严重。其中，95%的快餐食品广告、68%的轿车广告、80%的宠物类产品广告和94%的金融产品广告都被观众忽略过。韦德认为："30秒商业广告的影响力正变得越来越弱。我们必须认识到广告开支中的大部分都是被浪费了的，因此广告商必须寻找其他的渠道和创意来推销他们的产品。"

这正是为什么Vespa会聘请蜂窝式营销人在城市中使用他们的单脚滑板车产品并与

人们谈论"这有多酷"。这也正是福特公司在其新款的福克斯轿车推出前六个月里，把新车借给蜂窝式营销人使用的原因所在。在上述的例子中，两家公司都致力于通过蜂窝式营销来实现产品在市场上的高可见度和广泛的个人推荐。

但是，并非所有的产品都能通过蜂窝式营销进行有效的推广。卡恩称："这必须是一个令人感兴趣的产品。产品必须与流行趋势吻合，必须传递很酷的信息。如果无法做到这一点，那么蜂窝式营销就无法发挥作用。"卡恩认为，符合以上特征的产品包括时尚和文化产品，例如电视秀、书籍和电影——任何能让人产生"圈内人"归属感的事物。卡恩继续说道："这些产品的价值必须源自人们的社会交往。你的衣着、你看的电影、你阅读的书籍——所有这一切都会受到社会意见的影响。当然我在购买某些东西时，也可能不介意别人的看法。比方说我喜欢吃甜饼，我根本不介意别人对甜饼的看法。我喜欢去流行的餐馆，喜欢阅读畅销书，我也想知道其他人到底在饮水机旁闲聊什么。"

（3）只适合第一次

无论蜂窝式营销现在有多成功，令人担心的是，这种营销方式的效果将由于过度使用而不可避免地下降。营销学教授彼得·费德（Peter S. Fader）称："营销人士必须明智地使用蜂窝式营销以确保它的效果；否则，人们会对此感到怀疑，甚至恼怒，并对'营销者'所传递的信息完全不加理睬。"费德并不认为蜂窝式营销会成为公司有效的营销利器，他的理由是公司在发现了一种新的营销手段后总是不加节制地加以使用。费德还称，也许更为重要的是，公司往往将有用的营销战术和真正的营销战略混淆起来。

他说道："人们必须认识到，这并不是一种战略，而只是一种战术。这是非常重要的区别。蜂窝式营销是一家公司在将新产品推向市场时所应部署的许多要素之一。它是一种特殊的战术。但是现在公司都过分倚重于这种战术，而对他们应当真正注重的东西——战略视而不见。"费德的看法是，现在闹得沸沸扬扬的蜂窝式营销就像 20 世纪 90 年代末席卷互联网的热浪，当时许多公司都把网络及其技术误认为是一种新的商业"战略"，而不是销售和信息渠道。"你的战略是你未来的整体部署。通常这是对一些更加重要问题的答案，例如，'我们是慢节奏地渗透进市场还是一下子引爆市场？'举例来说，电影的销售需要快速引爆市场，而 MRI 设备的销售则需要潜移默化地影响市场，这是两种截然不同的销售模式。下一步，你应当问自己：'我们是否采用高价进入、逐步降价的战略？还是采用低价进入、逐步提价的战略？我们是否采用逐步渗透来达到信息传播的目的？'这些才是战略问题。"

只有在战略确定之后，才有战术的用武之地。费德称："使用这种营销手段的决策应与其他决策保持一致，包括传统与非传统的营销手段以及每一项计划的确切预算。太多的公司都是从战术开始，然后把这些倒推当作战略。我担心人们会只见小树，而忽略了更为重要的森林资源。"

营销学教授戴维·贝尔（David R. Bell）曾对网上零售商 Netgrocer 的零售采购模式进行研究。据他称："我们认为'蜂窝式营销效果'在消费者第一次尝试产品时最为显著。b. n6188. com 是一家通过联邦快递公司向全美各地发送不易变质的杂货商品的网上公司。

我们对他们的客户数据进行调查，以确定他们的客户群是遵循什么时间模式和地理模式发展起来的。"贝尔称，对于传统的杂货店而言，其客户一般位于商店 10 英里半径的范围内。而对于一家送货地点遍布各地的网上商店而言，我们预计没有什么地理模式。"但是研究结果却表明，存在着很强的地区性聚集现象：新客户来自老客户所居住的地区。这表明其中存在着非常显著的社会传播模式——口碑传播。你的邻居在 Netgrocer 上消费后把这一切告诉了你，于是你决定自己也去尝试一下。"

但是，贝尔也发现了其他一些现象：口碑传播是有有效期的。"人们在第一次尝试新事物时，由于没有亲身经历而无法作出判断，因此他们会根据熟人的推荐进行尝试。但是对于回头客，这种特殊的模式根本不适用，因为再次购买的决定不需要依赖于其他人的信息。如果你喜欢第一次所购买的商品，你将会再次购买它。事情就是这样。"

8.5.2　蜂窝式营销案例——冰纯嘉士伯的口碑营销

人格化一般运用在文学创作中，也就是我们常说的拟人，对文学作品中没有生命的一切事物赋予人的特征，使之具有人的思想感性和行为。通过这样的创作手法，经常可以提升文学作品的活力和趣味性，增强可读性，达到与人情感的共鸣。通俗一点来理解，拟人其实就是在与人套近乎。可喜的是，人们愿意接受这种浅性的奉承。

品牌人格化，简言之就是赋予品牌人的情感，与人共鸣，与人拉近关系！

图 8.40　冰纯嘉士伯标志

图 8.41　五月天代言冰纯嘉士伯

下面以冰纯嘉士伯的例子来谈品牌人格化营销。冰纯嘉士伯（Carlsberg Chill）是全球第四大酿酒集团嘉士伯旗下的品牌（如图 8.40 所示），于 2004 年 8 月上市，主要面向中国大陆及香港地区销售。冰纯嘉士伯采用时下最流行的设计元素，运用北欧简约主义风格，瓶身纤瘦而高贵，傲视其他同业。另外，特大的商标浮雕和透明的标贴设计都象征了嘉士伯一贯"追求卓越"的态度。理所当然的，冰纯嘉士伯的瓶身在 2004 年荣获由新锐榜颁发的"年度设计大奖"。2007 年，更邀请国际知名华人设计师陈幼坚先生负责创作全新的品牌标饰和包装设计，使冰纯嘉士伯更符合北欧简约主义。冰纯嘉士伯的品牌理念是号召人们活得开心快活：即与朋友共同畅饮冰纯嘉士伯，以一种乐观的生活态度相互鼓舞。

冰纯嘉士伯的品牌口号是"不准不开心"，它的一切营销行为也都围绕"开心"来展开，将冰纯嘉士伯的品牌人格化为现代人最需要的"开心"二字（如图 8.41 所示）。

（1）开心候车亭

冰纯嘉士伯在全国多个城市的公交站点设立了"开心候车亭"，市民在等候公交车时，可以通过摁压候车亭灯箱上的开心卡通圆脸开关和不开心卡通圆脸开关，选择自己候车时的心情，并显示在灯箱上的"开心指数"和"不开心指数"的统计数字上。通过摁压开关，市民就能在候车亭的灯箱上留下自己的心情了（如图 8.42 所示）。

图 8.42　开心候车亭

"开心候车亭"的做法是典型的互动式体验营销，它能使消费者在不知不觉中接受该企业产品的品牌主张，进而产生品牌认同。"不准不开心"的品牌主张已经在通过传统媒介进行广泛传播的基础上使高空的品牌传播产生了落地效果，以"开心候车亭"这一形式出现会通过消费者的参与（通过摁压选择开心或不开心）使品牌在消费者心智中进一步得到确认。

（2）"脱光"开心大行动

2011 年 11 月 11 日是世纪超级光棍节，在此节日到

图 8.43　"脱光"开心大行动

来之前，冰纯嘉士伯在微博上和不同城市的各大夜场举办"不准光棍不开心"活动，借助其官方微博及其他微博之力，搜集了大量的"脱光宣言"，并把 9 名光棍幸运儿的形象放到脱光宣传片中。在世纪光棍节前一周，上海、广州、成都、深圳等大城市人流最集中的户外 LED 屏上滚动播放了这部宣传片，让这些决心脱光的光棍男女为世人所瞩目（如图 8.43 所示）。

通过新颖、有趣的传播方式，冰纯嘉士伯为世纪光棍节带来了更多的轻松和开心；同时，冰纯嘉士伯在不同城市的多家酒吧和量贩 KTV 举办了脱光派对，"Chill 比特"美女天使与消费者互动，为单身男女穿针引线，并给成功配对的男女赠送情侣电影票。别出心裁的脱光派对，赢得了众多消费者喝彩。

从冰纯嘉士伯的人格化营销中，我们能学到什么呢？

① 把自己的品牌塑造成一个人格化的群体代言人

通过品牌自述，传递出人格魅力和族群煽动力，让年轻消费者身不由己地对这些人格化的品牌产生共鸣。品牌人格化会自动生成一种"魔法"，敏感地抓住受众心里难以说得清、道得明的情怀，而这种情怀其实就是抓住了时代和族群的心理所需，他们最想要而又最欠缺的就是最能吸引他们的。人格化，使品牌成为了受众群体的一分子，继而在消费者的心中落地生根。

② 品牌人格化的系统性

冰纯嘉士伯几年来的市场推广主题都围绕"不准不开心"来展开，开心大业一气呵成，

开心版图越加完善，以此推导出新的创意和传播模式。

③ 挖掘与合作伙伴的共同利益

只有共赢，才能有更好的贯彻与执行，冰纯嘉士伯让每次营销活动都创造出更大的社会和经济效益。在"开心达人"活动中，冰纯嘉士伯与开心网结成战略联盟并互换资源。开心候车亭项目结束后，冰纯嘉士伯、媒介、广告代理公司、公关公司，以及开展开心候车亭活动的城市，在品牌形象上都得到了不同程度的提升，赢得了赞誉。

8.6 视频营销

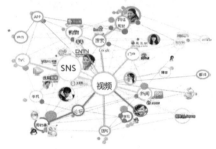

图8.44 视频营销

视频营销指的是企业将各种视频短片以各种形式放到互联网上，达到一定宣传目的的营销手段。视频包含：电视广告、网络视频、宣传片、微电影等各种方式（如图8.44所示）。

当前中国的营销市场，电视的龙头地位依然没有被动摇。然而，电视作为视频媒体却有两大难以消除的局限性：第一，受众只能是单向接受电视信息，很难深度参与；第二，电视都有着一定的严肃性和品位，受众很难按照自己的偏好来创造内容。因此电视的广告价值大，但是互动营销价值小。

而网络视频却可以突破这些局限，从而带来互动营销的新平台。随着互联网的发展和视频网站的兴起，视频营销也越来越被很多品牌企业所重视，成为网络营销中采用的利器。

随着网络成为很多人生活中不可或缺的一部分，视频营销又上升到一个新的高度，各种手段和手法层出不穷。连比尔·盖茨都在世界经济论坛上预言，五年内互联网将"颠覆"电视的地位。这话在一定程度上表明了互联网视频的势头，指的是企业将各种视频短片以各种形式放到互联网上，达到一定宣传目的的营销手段。网络视频广告的形式类似于电视视频短片，平台却在互联网上。

"视频"与"互联网"的结合，让这种创新营销形式具备了两者的优点：它具有电视短片的种种特征，例如感染力强、形式内容多样、肆意创意等，又具有互联网营销的优势。很多互联网营销公司都纷纷推出及重视视频营销这一服务项目，并以其创新的形式受到客户的关注。如优拓视频整合行销，是用视频来进行媒介传递的营销行为，包括视频策划、视频制作、视频传播整个过程。它涵括影视广告、网络视频、宣传片、微电影等多种方式，并把产品或品牌信息植入视频中，产生一种视觉冲击力和表现张力，通过网民的力量实现自传播，达到营销产品或品牌的目的。正因为网络视频营销具有互动性、主动传播性、传播速度快、成本低廉等特点，所以网络视频营销实质上是将电视广告与互联网营销两者"宠爱"集于一身。

▶ [案例] 卡萨帝"创艺启示录"

（1）背景

① Casarte（卡萨帝）的名字的灵感源于意大利语，"Lacasa"意为"家"，"arte"意为"艺术"，两者合二为一就是 Casarte，意为"家的艺术"。

② 创艺，这是卡萨帝长期倡导的"创意家电、格调生活"的品牌理念。

③ 微纪录片，而非流行的微电影，卡萨帝找到音乐、设计、美食领域的三位生活家，以声想、食悟与家作三大主题，打造《创艺启示录》微纪录片，以名人讲述的方式，传递源自生活的创艺感悟。

（2）目标

① 找到一个适合传播微纪录片的平台，找到注重生活品质的目标受众，向他们讲述一个创艺故事。

② 吸引他们观看《创艺启示录》微纪录片，并参与讨论、分享自身源自生活的感悟。

③ 通过观看视频、互动分享，理解并认同卡萨帝"创艺家电、格调生活"的品牌理念，使品牌与受众生活交融。

（3）解决方案

① 内容策略 联动影评人、名人主持、广大网民的影响力，由专业影评人解读影评故事，凤凰主持名人分享创艺心声，并借网友聚焦关注与互动，吸引网民为创艺格调的生活理念发声共鸣，主动分享与传播；

② 传播策略 凤凰网首页、时尚、娱乐等频道锁定目标人群，借助如釜山电影节等热点事件扩散传播，结合凤凰时尚官方微博 SNS 扩散（如图 8.45 所示）。

（4）实践

① HTML5 形式独特的专题将创意在视觉中突出呈现

专题页面采用了当下最流行的 HTML5 技术，融合 Flash 动画和图片瀑布流的风格，动感绚丽，以此彰显卡萨帝精致优雅的格调生活以及艺术气息的家电品牌形象（如图 8.46 所示）。

② 凤凰娱乐邀请重磅资深特约评论员亲自执笔分享创艺心得

向用户更立体、更丰富地传递卡萨帝优雅的格调艺术生活，便于网友更充分地理解三支微视频内涵，将更富有艺术性及创新性的品牌精神深植其中（如图 8.47 所示）。

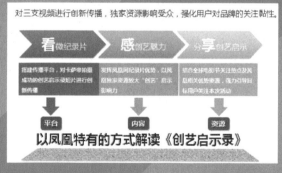

图 8.45 传播策略

图 8.46 HTML5 形式独特的专题将创意在视觉中突出呈现

图 8.47　凤凰娱乐邀请重磅资深特约评论员亲自执笔分享创艺心得

③凤凰整合特有的名人资源，以最高效的传播将创艺影响力传递给受众

凤凰视频同样以音乐、美食、设计三个角度制作了小提琴艺术家吕思清、《美女私房菜》主播沈星、《完全时尚手册》李辉三支微视频，展示他们对生活、创意、艺术的独到见解（如图 8.48 所示）。

图 8.48　凤凰整合特有的名人资源，以最高效的传播将创艺影响力传递给受众

④动态创艺名言墙，极致用户体验，彰显态度表达

一人一句创艺启示名言，在 HTML 技术上以图片墙动态展示，带来非常良好的用户体验，借用名人对创艺启示的态度，彰显卡萨帝的品牌特性（如图 8.49 所示）。

图 8.49　一人一句创艺启示名言

⑤ 凤凰网集中最优势资源带来高精准高质量及高流量的传播

活动不仅在凤凰网首页、时尚、娱乐等多个相关频道进行大面积投放，更有借助如釜山电影节之类热点事件进行焦点传播。另外辅以凤凰网多个大号微博进行 SNS 扩散，影响到目标用户的方方面面（如图 8.50 所示）。

图 8.50　凤凰娱乐、凤凰时尚等微博大号对活动进行转发

（5）案例效果

① 凤凰网旗下"凤凰娱乐"、"凤凰时尚"、"非常道"等官方微博参与微博转发。

② 参与传播的釜山电影节专题 PV 达到 117023989。

③ 通过多方位引流通道，卡萨帝创艺启示录专题上线 2 个月内，专题 PV2966130，视频总浏览量 7309056。

第 9 章

广告、包装及空间设计

——点滴细节加速设计价值的实现

9.1　广告设计

现代广告教父大卫·奥格成曾说："一个优秀的、具有销售力的创意，必须具有吸引力与关联性，这一点从未改变过。但是在广告噪声喧嚣的今天，如果你不能引人注目并获得信任，依然一事无成。"

9.1.1　广告设计概述

广告，从字面意义上看即为"广而告之"之意，也就是向大众传播资讯的活动。这是对广告一种广义的释义；从狭义上讲，广告则是一种付费的宣传。

广告一词源于拉丁文"adverture"，其意思是"吸引别人的注意"。中古英语时代（约 1300~1475 年），演变为"advertise"，其含义衍化为"使某人注意到某件事"或"通知别人某事，以引起他人的注意"。直到 17 世纪末，英国开始进行大规模的商业活动，这时广告一词便广泛地流行并被使用。此时的"广告"不再单指一则广告，而是指一系列的广告活动。

广告的定义在每个国家不尽相同，《美国百科全书》对广告的定义为"广告由可以辨认的个人或组织支付费用，以各种形式介绍或推广产品、劳务或观念，在介绍或推广时不用员工来进行"。

中国大百科全书出版社出版的《简明不列颠百科全书》对广告的释义是"广告是传播信息的一种方式，其目的在于推销商品、劳务，影响舆论，博得政治支持，推进一种事业或引起刊登广告者所希望的其他反应。广告信息通过各种宣传工具，其中包括报纸、杂志、电视、无线电广播、张贴广告及直接邮送等，传递给它所想要吸引的观众或听众。广告不同于其他传递信息形式，必须由登广告者付给传播信息的媒介以一定的报酬"。

随着市场经济的日益发展、科技的进步、传播信息手段的多样化，广告的定义、内涵与外延也在不断变化。

9.1.1.1　按广告传播目的分类

广告的形式按广告传播目的分类可以分为商业广告和公益广告。

（1）商业广告

凡是用于宣传某一对象、事物或事情的方式都是广义广告；而以获取赢利为目的的广告为狭义广告，又称经济型广告。狭义广告是指广告主以付费的方式，通过公共媒介对商品或劳动进行宣传，向消费者有计划地传达信息，促使消费者产生购买行为，使广告主得到利益。狭义广告是最常见的，通常也被称为商业广告。

（2）公益广告

相对于经济型广告，非经济型广告是指不以获取任何利益为目的，对某种对象、事物或事情进行宣传，因此属于非营利性广告，主要以公益广告、政府宣传广告等为主。其中，公益广告以传达社会福利、保险、招生招聘、医疗救助、呼吁环境和动物保护等信息为主，主要以加强公共服务和促进资源合理发展为目的；政府宣传广告则是以传达公共法令、政令、交通安全、财政税务等信息为主，主要以加强公共管理和促进社会和谐为目的。

广告具有很强的目的性和针对性，根据广告的特点，可以将广告划分为形式多样、各具特色和风格的不同类型。明确广告的分类可以使人们对广告的不同类型有一个透彻的了解。

9.1.1.2　按广告特点和表达方式分类

为了顺应广告设计的需要，根据其特点和表达方式的不同，按广告传播媒介可以将广告分为电子邮件广告、杂志广告、包装广告、户外广告、邮寄广告等。这些广告类型在各自的领域中扮演着不同的角色，并发挥着各自的特色与作用。

（1）电子邮件广告

调查表明，电子邮件是网民最经常使用的互联网工具。电子邮件广告具有针对性强、费用低廉的特点，并且内容不受限制。它可以针对具体某一个人发送特定的广告，为其他网上广告方式所不及（如图 9.1 所示）。

（2）杂志广告

与报纸一样，作为印刷平面广告的载体，杂志广告也具有自己的特点和优点。随着杂志的日益增多，各种杂志也因为其独特的视角与特点吸引了特定的消费者人群。将广告刊登在杂志上，精美的广告效果在使阅读者产生艺术品味的同时，又详尽地对产品内容进行了介绍。这样一来，在丰富杂志内容的同时又达到了宣传目的（如图 9.2 所示）。

图9.1　网易云阅读电子邮件广告

图9.2　日本杂志广告

（3）包装广告

商品的包装是企业宣传产品、推广产品的重要手段。利用商品包装上的纸张、贴膜、瓶罐等媒介，将商品信息以极具美感的形式印在产品包装上，这些产品形象和产品介绍就形成了包装广告。包装广告是产品的附加物，在提升产品美感的同时还能加强产品的辨识度，强化产品形象。

（4）户外广告

户外广告作为电子广告之后的第二个最佳传播媒体，其传播方式也富有特色。所谓户外广告，通常是指设置在户外的广告。常见的户外广告有路边广告牌、高立柱广告牌、射灯广告牌、霓虹灯广告牌、灯箱、候车厅广告牌等。

户外广告具有场所固定的特点，对地区和观众群体也有很强的选择性，通常以地区的特点来选择广告形式；同时，户外广告具有传播力强、成本低的特点。在表现形式上，户外广告更是具备自身的特点，既在一定程度上达到了美化市容的作用，又有利于开拓市场，提高企业的知名度。但需注意的是，由于户外广告覆盖面相对较小，因此具有一定的局限性。

为使广告产生更为直接的作用，户外广告可以选择放置在商业街、公园、广场、步行街等人流量较大的地区。比如候车亭广告牌设立在乘客乘车处，趁着大家等车的闲暇时间，精美、富有创意的广告很容易引起大家的注意；经过长时间的观看，广告信息很容易被观者所记忆。

另外，按照产品生命周期不同阶段，广告还可分为告知性广告、竞争性广告、提示性广告、铺垫性广告。

9.1.2 心理学在广告设计中的作用

　　心理学的发展与应用为广告心理学的建立奠定了不可磨灭的基础。要想设计出成功的广告，首先内容要符合消费者的心理与行为特点，并且满足广告观众的心理需求（如图9.3所示）。

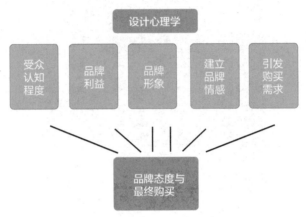

图9.3 广告心理学结构图

　　科学、成功的广告是遵循心理学法则的，心理学对广告内涵的提升和广告信息的传播都有极大的帮助。广告是通过传播，将富有创意和表现手段的信息传递给消费者，促使消费者产生某种购买行为；而心理学主要从人类的动机、趣味、行为和特性等方面展开研究，了解广告宣传中的心理学规律，使消费者在观看广告的同时，对品牌的认知程度、品牌的利益和品牌的形象等有进一步的了解，并建立起一定的品牌情感和购买需求，从而产生最终的品牌认证和购买行为。在广告设计中，掌握心理学的运用，可以使广告效果更接近大众的期望，有助于广告的传播和发展。

　　随着广告作用的产生，广告所带来的一系列心理现象也会随即产生。由于心理学在广告中具有独特、不可取代的地位和作用，因此在实际的广告设计中，人们往往会将广告与心理学的研究结合起来，两者相辅相成，也就是所谓的广告心理学。

　　广告心理学是一门独立的学科，它反映了广告活动中的一些客观规律，并且带有一定的科学性。广告心理学从研究的理论基础出发，多样化和现代化的研究手段使广告倾向综合化。广告心理学以研究人类心理活动为主，包括人脑对客观事物的心理认知和反应过程、对客观事物所产生的喜怒哀乐等情感过程、对支配和调节行为的意志过程以及个体本身所表现的个性心理特征等进行研究，揭示了广告活动的基本规律和本质（如图9.4所示）。

图9.4 广告心理过程

广告创意是直接影响广告成功的关键因素。在人们认识和接触广告的过程中通常会有一个心理过程,而抓住消费者这一心理过程,将心理学的理论巧妙地运用在广告设计中,结合独到的创意,从而达到吸引消费者注意、激发对产品的兴趣、诱发联想和满足情感需要的目的。

9.1.2.1　吸引注意

为了吸引消费者的注意,广告设计者往往会在创意上大下功夫,例如商品本来并不一定能够吸引消费者的视线,但充分运用广告心理学中的经典理论,通过夸张、滑稽、幽默等表现手法,将原本平凡的商品变得富有意义,此时便会引起消费者对广告的注意,最终达到广告的宣传效果。

▶ [案例]　"Stories!书店"平面广告

一本好书、一个好故事的奇妙之处就在于它能让我们从毫无关系的旁观者不知不觉融入故事里,带来身临其境般的感觉,体验与现实迥然不同的境遇。德国广告公司 Kolle Rebbe 深谙此理,因此在为"Stories!书店"所创作的平面广告中,设计师就用非常直观的画面告诉我们"转身就能入戏、就能体验到非同寻常的人生",而不管你"去往何方","好故事,尽在'Stories!书店'"(如图9.5所示)。

图 9.5　"Stories!书店"平面广告

9.1.2.2　激发兴趣

绝大多数人都会有一个心理,那就是对"新奇特"的事物产生好奇心。利用消费者这一心理特征,在广告的形式上勇于创新,加入一些新鲜、奇特的想法和构思,特别是在食品类广告中,使广告发挥出奇制胜的效果,能很好地激发观众兴趣,使消费者产生跃跃欲试的心理反应。

▶ [案例]　斯柯达全新明锐 VRS 广告

据调查,当拥有更时尚更高规格的童车时,百分之七十六的新爸爸会倾向于花上更多的时间推着婴儿外出行走。因此为庆祝斯柯达史上性能最强的全新明锐 VRS 发布,同一工程团队乘势推出了 VRS Man-Pram 婴儿车作为广告。这辆高达两米的巨型纯爷们婴儿车配备了半米高的合金轮毂、液压悬挂、手视镜、抗压把手、超大的刹车卡钳和前照灯,满满的霸气瞬间秒杀所有的婴儿推车(如图9.6所示)。

图 9.6　斯柯达全新明锐 **VRS** 广告

9.1.2.3　诱发联想

　　联想从本义上讲是指由一种事物引起另一种事物的想象，简而言之就是说因为某一件事物或某一个人而想起与之有关的事物或人物的思想活动。联想是对事物之间相互联合和相互关系的反应，而在广告心理学中这一现象又被称为思维联想规律。在广告设计中采用对比、伏笔等手法，使消费者在仔细观察广告内容的同时，对画面产生联想，增强对产品的好奇心，从而达到宣传的目的。

▶[案例]　博物馆创意广告——挖掘完整的故事

　　创意机构 Saatchi & Saatchi 最近为俄罗斯 Schusev 国家建筑博物馆创作了一系列平面广告，努力使更多的游客对城市建筑产生兴趣。以俄国的著名地标圣巴西尔大教堂、莫斯科国立罗蒙诺索夫大学和莫斯科大剧院为蓝本，设计师卯足了劲地发挥想象，向我们描绘了"隐藏在地底下的庞大秘密"，从而提醒我们知道的仅仅是冰山一角，建筑背后的历史或故事正在建筑博物馆等着你去发现、挖掘（如图 9.7 所示）。

图 9.7　博物馆创意广告——挖掘完整的故事

9.1.2.4 满足情感需要

随着市场经济的进步,消费者的消费行为已由最初单纯的物质享受开始向精神方面转变。很多时候,消费者的购买行为都会随着感觉走。这样一来,感性消费就需要情感广告来支持。情感是维系人与人之间最微妙的关系,相对于理性广告而言,富有感性基调的广告能够更加容易触碰大多消费者的情绪或情感反应。一则独特的广告可以打动人们的心灵,满足消费者情感上的慰藉和需要,最终实现消费者真正的购买行为。

▶ [案例] **Hermes** 春夏时尚广告

这是 Hermes 春夏时尚系列广告设计。图片经过剪切,重点体现古老的树下人物的形态;放置在版面右侧,打破人们传统的从左向右的阅读习惯。左侧灰白的天空给人以空旷、宁静的感觉;版面左侧标志及标题文字缩小处理,并具有向右的指向功能;忽略掉 Hermes(爱马仕)这个奢侈品牌本身的影响力,单看广告也会被其中透露出的那种静谧的魅力所感染。Hermes,一场低调的奢华,低调不会停止脚步,奢华还在努力地跳舞(如图 9.8 所示)。

图 **9.8** **Hermes** 春夏时尚广告

情感的作用还可以转变消费者对产品或事物的态度,在广告情感的表现上,除了母爱、亲情之外，爱情也是广告设计中常常会运用到的情感表现手法。这类广告利用男女之间互相扶持、关怀和爱慕的情感流露，可使人感受到一种自然、温馨、浪漫的感觉；通过为广告中的景象添加新的感情细节，可以使人们的情感通过广告的场景得以激发、感同身受，从而更能触动消费者的心理底线，以柔软的形式左右人们的情绪。

▶ [案例] **Uniform Jeans** 牛仔裤广告

这是 Uniform Jeans 牛仔裤系列广告设计。巨大的甜蜜的蛋糕、浪漫的场景、深情相望的年轻情侣营造出一种自然、温馨、浪漫的爱的感觉；蛋糕遮挡住情侣中其中一位的身体，自然的手扶蛋糕的动作自然而然地将身穿牛仔衣的人物形象突出来，有效地向读者传达了广告主体；标题文字笔画纤细、形式单一，字体优美清新、格调高雅，展现出端庄典雅的风格（如图 9.9 所示）。

图 9.9　Uniform Jeans 牛仔裤广告

9.1.3　网络广告

9.1.3.1　网络广告的价值

简单地说，网络广告就是在网络平台上投放的广告。它是利用网站上的广告横幅、文本链接、多媒体的方法，在互联网刊登或发布广告，通过网络传递到互联网用户的一种高科技广告运作方式。

与传统的四大传播媒体（报纸、杂志、电视、广播）广告及备受垂青的户外广告相比，网络广告具有得天独厚的优势，是实施现代营销媒体战略的重要一部分。Internet 是一个全新的广告媒体，速度最快效果很理想，是中小企业扩展壮大的很好途径，对于广泛开展国际业务的公司更是如此。

它是广告主为了推销自己的产品或服务在互联网上向目标群体进行有偿的信息传达，从而引起群体和广告主之间信息交流的活动。或简言之，网络广告是指利用国际互联网这种载体，通过图文或多媒体方式，发布的营利性商业广告，是在网络上发布的有偿信息传播。

网络广告专家彭小东表示，网络广告的市场正在以惊人的速度增长，网络广告发挥的效用越来越明显。以致广告界甚至认为互联网络将超越路牌，成为传统四大媒体(电视、广播、报纸、杂志)之后的第五大媒体。因而众多国际级的广告公司都成立了专门的"网络媒体分部"，以开拓网络广告的巨大市场。

网络的组成是复杂的，但业务的要求是简单的。从市场、业务角度考虑，哪种网络处理更好就应该采用哪种网络，甚至综合采用各种网络技术，不必拘泥于原有的概念。随着三网合一的进程，特别是信息家电概念的普及，人们意识到网络已经泛指传输、存储和处理各种信息的设备及其技术的集成。因此，网络广告应是基于计算机、通信等多种网络技术和多媒体技术的广告形式，其具体操作方式包括注册独立域名，建立公司主页；在热门站点上做横幅广告(Banner Advertising)及链接，并登录各大搜索引擎；在知名 BBS(电子公告板)上发布广告信息，或开设专门论坛；通过电子邮件(E-mail)给目标消费者发送信息等。

网络广告的价值主要有以下几个方面。

(1) 品牌推广

网络广告最主要的效果之一就表现在对企业品牌价值的提升，这也说明了为什么用户浏览而没有点击网络广告同样会在一定时期内产生效果。在所有的网络营销方法中，网络广告的品牌推广价值最为显著；同时，网络广告丰富的表现手段也为更好地展示产品信息和企业形象提供了必要条件。

(2) 网站推广

网站推广是网络营销的主要职能，获得尽可能多的有效访问量也是网络营销取得成效的基础。网络广告对于网站推广的作用非常明显，通常出现在网络广告中的"点击这里"按钮就是对网站推广最好的支持，网络广告(如网页上的各种 BANNER 广告、文字广告等)通常会链接到相关的产品页面或网站首页，用户对于网络广告的每次点击都意味着为网站带来了访问量的增加。因此，常见的网络广告形式对于网站推广都具有明显的效果，尤其是关键词广告、BANNER 广告、电子邮件广告等。推广的方式有很多，一般有付费的推广(如百度付费等)和免付费的推广，也有一些功能特别强大的组合营销软件，可以实现多方位的网络营销，只需要简单地操作，即可让您的潜在用户通过网络主动找到您，特别方便。

(3) 销售促进

用户由于受到各种形式的网络广告吸引而获取产品信息，已成为影响用户购买行为的因素之一。尤其当网络广告与企业网站、网上商店等网络营销手段相结合时，这种产品促销活动的效果更为显著。网络广告对于销售的促进作用不仅表现在直接的在线销售，也表现在通过互联网获取产品信息后对网下销售的促进。

（4）在线调研

网络广告对于在线调研的价值可以表现在多个方面，如对于消费者行为的研究、对于在线调查问卷的推广、对于各种网络广告形式和广告效果的测试、用户对于新产品的看法等。通过专业服务商的邮件列表开展在线调查，可以迅速获得特定用户群体的反馈信息，大大提高了市场调查的效率。

（5）顾客关系

网络广告所具有的对用户行为的跟踪分析功能为深入了解用户的需求和购买特点提供了必要的信息，这种信息不仅成为网上调研内容的组成部分，也为建立和改善顾客关系提供了必要条件。网络广告对顾客关系的改善也促进了品牌忠诚度的提高。

（6）信息发布

网络广告是向用户传递信息的一种手段，因此可以理解为信息发布的一种方式。通过网络广告投放，不仅可以将信息发布在自己的网站上，也可以发布在用户数量更多、用户定位程度更高的网站，或者直接通过电子邮件发送给目标用户，从而获得更多用户的注意，大大增强了网络营销的信息发布功能。

9.1.3.2 案例——MINI 口红与方向盘不得同时使用

（1）广告背景

60% 的女性无法想象没化妆就去上班，25% 的女性认为上班时期没化妆可能会让她们失去晋升的机会。女性在开车时化妆已成为一种习惯。在墨西哥，22% 的交通事故由女性驾驶员造成，其中"在开车时化妆"成为导致交通事故的主要诱因之一，仅去年就有1273 起交通事故，每周造成的经济损失高达 400000 美元。

（2）营销目标

面对上述一串串数字，MINI 从安全和健康的角度出发，广告旨在提高女性开车时不要化妆的意识。

（3）创意亮点

在广告中，MINI 制作了特殊的安全气囊，安装在洗手间化妆镜前，当有女性对着化妆镜化妆时，便会有气囊"砰"地弹出，惊人一身冷汗。

这其实模拟了一个驾驶环境,告诉大家如果边化妆边开车发生车祸，气囊就会弹出来，令大家印象深刻。MINI 的主要顾客为女性，并用数字列举了女性车祸发生率。这种身临其境的"体验"，会提高女性开车时不要化妆的意识，避免交通事故发生。从而塑造了MINI 的公益形象，以获得更多女性的喜爱（如图 9.10 所示）。

图 9.10　MINI "口红与方向盘不得同时使用" 广告

9.2 包装设计

9.2.1 包装设计的概念

包装伴随着商品的产生而产生。包装已成为现代商品生产不可分割的一部分，也成为各商家竞争的强力利器，各厂商纷纷打着"全新包装，全新上市"去吸引消费者，绞尽脑汁，不惜重金，以期改变其产品在消费者心中的形象，从而也提升企业自身的形象。就像唱片公司为歌星全新打造、全新包装，并以此来改变其在歌迷心中的形象一样，而今包装已融合在各类商品的开发设计和生产之中，几乎所有的产品都需要通过包装才能成为商品而进入流通过程。

对于包装的理解与定义，在不同的时期、不同的国家不尽相同。以前很多人都认为，包装就是以转动流通物资为目的，是包裹、捆扎、盛装物品的手段和工具，也是包扎与盛装物品时的操作活动。20 世纪 60 年代以来，随着各种自选超市与卖场的普及与发展，使包装由原来保护产品的安全流通为主，一跃而转向销售员的作用。人们对包装也赋予了新的内涵和使命，包装的重要性已深深被人们认可。

从狭义上讲，包装是为在流通过程中保护产品，方便储运，促进销售，按一定的技术方法所用的容器、材料和辅助物等的总体名称；也指为达到上述目的在采用容器、材料和辅助物的过程中施加一定技术方法等的操作活动。

从广义上讲，一切事物的外部形式都是包装。

产品生产的最终目的是销售给消费者。行销的重点在于将构思与发展、定价、定位、宣传与产品的经销及服务等予以计划与执行后，创造出满足个人与群体的需求。这些活动包含了将产品从制造商的工厂运送至消费者的手中，因此行销也包含了广告宣传、包装设计、经营与销售等。

作为社会的重要一环，产品促进了经济的增长，满足了人类使用物资资源的需求。消费主义的迅速增长催生了产品与服务，平均每一家超市的货架上都有十万种不同的产品。在百货公司、大型批发市场、专卖店、特卖经销店及网络等商品零售渠道创造了产品的生命力。产品与人们的日常生活产生了紧密的关联，导致产品的购买不再只是针对物品的需求，而是对于物品的渴望。

随着消费者多元选择的增加，市场竞争也逐渐形成，而产品之间的竞争也促进了市场对于独特产品与产品区分的需求。从外观的角度来考虑，如果所有不同品牌的不同产品（从蔬菜、面包、牛奶到酒类、化妆品、箱包等）都以相同的包装来进行售卖，所有产品的面貌将会非常相似。

行销人员最终必须负责决定产品的特征并提供产品之间鲜明的差异性。此差异性可以是产品的成分、功能、制造等，也可以是两个完全没有差异性的相似产品。行销只是为商品创造出不同的感知，行销人员认为能将产品销售量提升的首要方法就是制造产品差异。

若要能吸引消费者购买，包装设计则应提供给消费者明确并且具体的产品资讯；如果能给予产品比较（像某商品机能性较强、价格便宜、更方便的包装），则会更理想。不论是精打细算的消费者或是冲动购买的顾客，产品的外观形式通常都是销售量的决定性因素。这些最终目的（从所有竞争对手中脱颖而出、避免消费者混淆及影响消费者的购买决定）都使得包装设计成为企业品牌整合行销计划中成功的最重要的因素。

包装设计是一种将产品信息与造型、结构、色彩、图形、排版及设计辅助元素做连接，而使产品可以在市场上销售的行为。包装设计本身则是为产品提供容纳、保护、运输、经销、识别与产品区分，最终以独特的方式传达商品特色或功能，因而达到产品的行销目的。

包装设计必须通过综合设计方法中的许多不同方式来解决复杂的行销问题，比如头脑风暴、探索、实验与策略性思维等，都是将图形与文字信息塑造成概念、想法或设计策略的几个基本方法。经由有效设计解决策略的运用，产品信息便可以顺利地传达给消费者。

包装设计必须以审美功能作为产品信息传达的手段，由于产品信息是传递给具有不同背景、兴趣与经验的人，因此人类学、社会学、心理学、语言学等多领域的涉猎可以辅助设计流程与设计选择。若要了解视觉元素是如何传达的，就需要具体了解社会与文化差异、人类的非生物行为与文化偏好及差异等。

包装是使产品从企业到消费者的过程中保护其使用价值和价值的一个整体的系统设

计工程，它贯穿着多元的、系统的设计构成要素，有效地、正确地处理设计各要素之间的关系。包装是商品不可或缺的组成部分，是商品生产和产品消费之间的纽带，是与人们的生活息息相关的。

9.2.2 案例——妮维雅推出新的品牌形象及包装设计

从 2013 年 1 月起，拥有 101 年历史的德国护肤品牌妮维雅更换新的品牌标志，用流线型的蓝底白字标志取代此前长方形的标志。妮维雅的母公司 Beiersdorf AG （拜尔斯道夫股份公司）(BEIXetra) 授予知名设计师 Yves Béhar 及其公司 Fuseproject 全权负责妮维雅的形象大改造。Beiersdorf 执行董事 Ralph Gusko 认为妮维雅的改头换面是当务之急。鉴于该品牌近年急速发展，除护肤品之外还推出了彩妆和护发系列，使消费者对品牌认知和定位开始模糊，因此妮维雅决定摒弃彩妆和护发产品，把精力重新投放在带给其多年成功的护肤产品。而这次品牌形象的大改造，不仅更换了更加简洁大气的圆形标志，更借机对产品包装和品牌推广进行革新。

妮维雅的全新流线型标志是设计师 Yves Béhar 以妮维雅润肤露的传统锡瓶盖为灵感创新而得。Yves Béhar 及其团队在过去两年半来多次来回德国和美国，与 Beiersdorf 供应链、销售和包装等部门商讨妮维雅的革新事宜，共同设计出更加紧凑、使用更少运输材料的优化产品包装。Beiersdorf 称为迎合集团 2020 年可持续发展计划的目标，新包装变得更加绿色环保，不仅可以循环再用，更减少了使用 15% 的包装材料和 23% 的标签材料，从而在运输过程中减少使用逾 1.2 万个运输货盘，每年二氧化碳排放量可降低 585 吨。

Ralph Gusko 称以上环保措施不仅节省成本，而且对新兴市场更有吸引力（如图 9.11 所示）。

图 9.11　妮维雅推出新的品牌形象及包装设计

· 9.3 空间设计

我们要为顾客创造一种激动人心而且出乎意料的体验，同时又在整体上维持清晰一致的识别。商店的每一个部分都在表达我的美学理念，我希望能在一个空间和一种氛围中展示我的设计，为顾客提供一种深刻的体验。——乔治·阿玛尼

9.3.1 感性体验

设计领导力是任何品牌塑造的本质与核心。建立并维护一个成功的品牌形象，需要远见卓识的能力。完整的品牌形象并不仅仅局限于标志和商标等识别设计，而是真正地讲述品牌的故事。更准确地说，品牌是在消费者的心中创造与产品或服务有关的故事。在品牌塑造的过程中，设计师的工作深入客户的各个方面，细致到排版印刷，以选择最适合的投放媒体和品牌代言人。所有工作的意义都是在消费者心中建立深刻而正面的品牌形象。因此，所谓的品牌设计就是建立品牌体验，建立自身对于所高品牌的认识。价值市场竞争愈演愈烈，对企业而言，真实的品牌体验、真正的品牌差异化也变得越发重要。对品牌行之有效的设计管理意味着要利用所有能够释放品牌信息的媒体，即体验设计。

如今体验设计逐渐成为社会上最流行的词汇，究竟什么是体验设计？体验设计并不是一个简单的定义。

菲利普·科特勒说过，"营销并不是以精明的方式兜售产品或服务，而是一门创造真正客户价值的艺术"。

营销的目的是创造客户价值，要想达到这一目的，首先要明确目的的含义。简单来理解，客户价值就是客户的利益和好处。这里有两方面的含义：一是企业认为所提供的产品和服务为客户创造的价值；二是客户认识并感受到产品和服务的价值。这两点有时并不相同，有一个流传已久关于裁判的故事：两位球迷在讨论犯规，甲说，有球员犯规，裁判应该吹哨，乙却说，除非裁判吹了哨子，他们才是犯规，要不然就不算。对于价值，只有客户认可了，才能算是真正的价值，否则就什么都不是。

由此我们可知，成功营销的关键是创造客户认可的价值，那么客户是如何感受产品和服务价值的呢？

进入 21 世纪后，从过去重视以产品生产力的生产者为主的社会，迅速地转变为带有生产外包、品牌创造、重视消费者感性等特征的消费者取向的环境。今日的消费者在各种产品相互竞争出线的市场中，变得能够自由选择他们所想要的产品。企业单靠优秀的质量和功能，想要吸引消费者的眼光是很困难的。消费者已经超越了将重点摆放在购买产品功能的阶段，而赋予消费经验更大的意义。这也代表着，消费者比起对功能需求（Needs）的消费，更容易追求满足感性需求（Desire）的消费。消费者现在期望的是品牌能够了解他们的文化和生活风格，通过对感性体验的设计来满足他们的需求。

重视感性的时代潮流之所以会形成，源自于根据需求所进行的调查与研究。在第二次世界大战之后，美国通过政府的支援，以脑部受伤的病患为对象，进行与脑部相关的研究。1949 年科学家保罗·麦克莱恩（Paul MacLean）发现了"人类脑部拥有彼此相互关联、反复活动、发展的三部分——感觉、感性、理性"这样的事实。在那之后，随着 MRI 等科学技术的发展，脑部的作用也被应用在商业领域中。根据丹·希尔所说，95% 的想法是在无意识中产生的，视觉则左右大脑功能的 50%。在市场中，对新产品产生的反应，感性比理性的认知要快了 3000 倍以上。感觉—感性的脑部信号，在理性的思考、决定之前就已先行作用。这个事实告诉我们，如果要吸引消费者购买，就要先呼唤起消费者的感性才对。企业认知到，人们下决策时，都要经过如下的阶段，据此来考量感觉和感性。

（1）我们在思考之前会先感受（We feel before we think）

脑部的感觉—感性领域，会比理性领域更持久。人们在下决定之前，第一个运作的就是这个部分。

（2）感性会驱使结果（Emotion drives results）

实际上，只有脑部感觉—感性的领域是和人们的肌肉相连接的。也就是说，脑部的理性领域比起决定结果，反而比较像是给予建议的说客（Lobbyist）而已。

（3）价值是通过感性来感受（Value is assigned emotionally）

虽然说感性反应先行产生，理性反应再跟随其后，脑部的作用是互相连接的，但是价值却是以可行性和信赖等要素为基础所做的感性判断。

在急速变动的消费文化中，品牌了解到消费者的感性需求与渴望。那么为了进一步带出成功的感官交流，应该要再做什么努力呢？马克·高贝认为，"感性的品牌设计在消费者个人且客观的立场上，要和品牌有着强烈的连接，由此赋予品牌信任度和个性。"马克·高贝对于感性品牌设计课程的基本概念，设定了四项中心主轴：关系建立、感官经验、想象力和展望。

（1）关系建立

品牌与消费者维持着亲密的接触，根据对文化和趋势的了解，提供消费者想象的感性经验。

（2）感官经验

作为刺激感性的立即且强烈的要素，感性品牌设计的感官经验比什么都重要。

（3）想象力

就执行品牌设计而言，即把品牌设计流程予以现实化。想象力是感性品牌设计的重要因素之一，在品牌中加入了识别性与创新，也是建立消费者和品牌之间可持续性双边关系的重要元素。苹果的 iPad，或是福斯的金龟车，亚历山大麦昆的干燥衣服，普拉达的纽约旗舰店等，以创意为基础的感性产品，或是以卖场设计让品牌感性化、差异化、高级化，都是创造出品牌价值的良好事例。

（4）展望

这是品牌为了长期性的成功，应该具有的重要元素。

感性品牌的四项中心主轴内，消费者和品牌的接触点，不只是成就了感性品牌体验的产品和服务，还提供刺激消费者感性的创意零售环境和购买体验，由此建立消费者对品牌的忠诚度，有效提升该价值的品牌设计战略。哥伦比亚大学的施密特教授说"体验式营销的最终目标是为消费者创造统合性的体验"。根据对消费者感性需求的理解，设计整体的并具有感觉的体验，能够形成末日消费者强烈感性连接的理性，同时也成为品牌设计的未来。实现品牌和消费者之间"人类连接"的感性品牌设计，是未来企业的生存战略，同时也是被选为能够提升市场占有率的最有效方法。如果有扩大企业利益的营销目的，在感性的攻势下，应该有必要再加上扩展无限想象力的设计角色。

9.3.2 刺激消费者五感的商店空间设计

想要为自己的房间做室内设计，却又烦恼不知该如何选择样式。在这些店里有散发着温暖气息的饰品，诱导人们开心唱歌的音乐，它是调和所有元素俘获消费者内心的感性商店，是现代消费模式所重视的五感愉快体验过程中的必要因素。

▶ [案例] TYPE ONE 修车行内部翻新设计

图 9.12　TYPE ONE 修车行

图 9.13　以简化的方式，采用少而富有表现力的材质和元素来凸显修车行的专业性

修车行内部翻新设计，由日本 TORAFU ARCHITECTS 事务所执行。TYPE ONE 是一家位于东京专注于本田汽车的维修和展示店。客户需要重新归纳修车行的必要元素，去除多余，让空间专注于功能并最大化工作区域（如图 9.12 所示）。

设计师决定以简化的方式，采用少而富有表现力的材质和元素来凸显修车行的专业性，如将双柱升降机与环境颜色统一，整理和翻新旧有的工业化元素，如铝篷顶、手推车和粗旷质感的木丝水泥板墙面（如图 9.13 所示）。

整体设计的亮点是用低饱和度的色彩和常规材质来把握空间氛围，让"旧与新"交融（如图 9.14 所示）。

图 9.14　用低饱和度的色彩和常规材质来把握空间氛围，让"旧与新"交融

　　升降机上的汽车，裸露的引擎和配件在明亮开放的空间中创造了专业又富有视觉冲击力的画面，同时起到推广服务的作用（如图 9.15 所示）。

图 9.15　升降机上的汽车，裸露的引擎和配件创造了专业又富有视觉冲击力的画面

9.3.3　给品牌带来声望的建筑设计

　　人们每天都活在许多选择当中，随着社会越来越复杂，信息越来越多，可选择的幅度也越来越广、越来越难。在这样复杂的信息化时代，消费者的选择基准从依靠过去产品质量和服务，也渐渐转变为依靠品牌和企业的形象，并开始期待和追随企业的名声。

　　对于企业名声的定义和企业名声是如何形成的，有着各式各样的论点。许多管理学家聚集了意见，认为企业名声不是单纯根据产品质量和服务而形成的，而是统合考量了消费者的经验和企业的各项社会活动、经营方式等各种社会要因之后，消费者和投资者们所下的评价。管理学家里尔和福诺布龙站在《富与名声》之中，提出了组成企业名声的六种要因：产品和服务、作业环境、社会责任、感性诉求、财务成果、展望和领导力。里尔和福诺布龙的《企业名声形成要素》一图，显现了不同于过去根据产品与服务的质量来评价企业的方式，今日的消费者是由更多样的视野来评价企业的。现在的消费者认为企业除了有作为雇主对受雇者的义务，更期待他们成为社会的一分子，完整履行他们对社会的责任。再加上更希望身为社会的领导者能够拥有带领社会前进的展望和领导力，当企业符合了这些条件时，消费者才会赋予名声、表现信任和忠诚（如图 9.16 所示）。

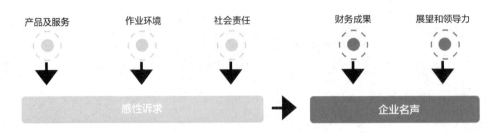

产品及服务　　　作业环境　　　社会责任　　　　　财务成果　　　展望和领导力

感性诉求　　　　　　　　企业名声

图9.16　企业声望形成要素

福诺布龙认为，在形成企业名声的各种要素中，"感性诉求"是最重要的。消费者在判断企业名声的时候，最大影响的层面就是过去的经验和根据周围的评价所形成的个人感受。这是因为在评价其他要素的时候，感性会主观地去介入判断。特别是投入定量研究的学者们，开始渐渐认知到情绪研究的重要性，也开始集中关心消费者可见行动之外的感性所赋予的企业形象和价值认知。他们主张在引发消费者的感性变化时，形成对经验的催化作用。消费者使用产品时，最先体验到的是有意义的部分，并主张通过以美的经验和过去的经验为基础的有意义经验，才能创造出感性经验。像这样引发感性诉求的感性经验，不管是从美学还是意义的层面，都会通过留存在记忆中的体验而形成，并持续引导出正面感情。

建筑物是能够提供感性经验的空间。通过多样的空间设计，提供差异化形象的建筑物，并扮演着牵引出消费者正面感情的重要角色。设计纽约普拉达（Prada）卖场和首尔的当代韩国艺术馆（Leeum museum）的知名建筑师雷姆·库哈斯（Rem Koolhaas）定义了"建筑是营销手段之一"。就像要证明这股潮流般，今日许多企业通过品牌旗舰店（Flagship Store）展示它们的形象和展望，让访客能够直接体验产品和服务。更进一步，先进企业为了通过品牌和形象的建立传达坚强、值得信任的企业名声，不只停留在产品、服务与卖场设计上，也利用能够代言企业发展和形象的建筑设计来亲近消费者。

在空间—经验设计模型中，所谓的形态是指经由视觉认识到的所有设计。从建筑物的外部装饰和室内设计，到自然光和人工照明产生的气氛，所有建筑的审美观从形态就开始出现了。建筑物是不能只用视觉来感受的，访客们在建筑的内、外部自然走动，这样的走动能够协助建筑物内的访客判定空间中的位置，从而感受到空间感。另外，建筑物不能不考虑存在于它周边的环境。也就是说，建筑物要设计成能够和周边环境协调的状态，或是以显著突出的设计来扮演该地区的地标，在引起访客审美经验的同时，也才能够再次看出这座建筑物在这个地方存在的意义。在建筑物内举办的活动，是能让访客对此地产生记忆的最强烈要素。举办具有差异化的活动，让访客能够开心玩乐，这将成为左右访客拜访后会以何等模样和形象记忆此场所的度量。通过更多样化、更积极的刺激来体验记忆，即为相互作用。相互作用扮演着让访客直接参与活动，一起呼吸并感受生动体验的重要角色。这五种建筑要素形态、走动、背景环境、活动、相互作用，和能够引发感性经验的美、意义、迪斯麦特和海格特的使用者—经验模型，以及在空间中体验到的行动经验相连接，结果便引领出"通过空间的感性经验"了（如图9.17所示）。

MIT 的建筑教授安娜·克林格曼指出，为了经济、文化的演变，可以使用建筑来作为表现品牌概念的战略性交流手段。特别是技术和企业形象在差异性及信赖度上都很重要的汽车行业，通过多样化的空间设计，不断努力以感性传达给消费者特别的形象。施密特认

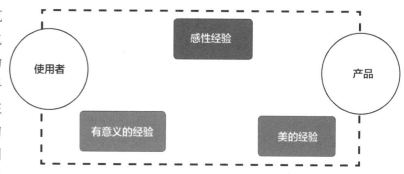

图 9.17　迪斯麦特和海格特的使用者—经验模型

为，汽车产业从很久以前开始，就不只是个单纯的产品，而是销售感性和经验的统合。将建筑空间变成体验场所，成为统合性品牌战略一环的代表性企业是梅赛德斯—奔驰。梅赛德斯—奔驰通过品牌博物馆，正努力想要介绍企业的历史和传统给消费者。位于德国斯图加特的奔驰博物馆，以企业的历史为中心，展示着公司的核心模型。在博物馆展示的汽车，摆脱了单纯陈列产品的身份，被认为是文化末日科学发展的轴心，使访客们能够认识奔驰的文明发展史。另外，访客们能够直接触摸、体验核心技术的集合体——跑车和概念车。诱导消费者参与的交互式展示，能够帮助访客们将拜访奔驰博物馆的经验留存得更久。而将奔驰商标形象化的建筑物内部设计，参访者的走动则扮演着使访客往两个不同的展示馆自然分流又结合的角色。奔驰品牌博物馆是由独特建筑的内、外部形态，以及随历史潮流所透露奔驰记忆的空间组成的，是将品牌形象经验极大化的最佳事例。

随着竞争型的经济结构越来越火热，与过去只以产品和服务的功能性来评价企业不同，现在则是根据多种要素所结合成的复合性形象来评价。企业当前不能只停留在和企业形象相关联的狭义品牌经营，因为广告等单向的交流渠道，要凸显它们的形象和品牌甚至是企业名声，变得越来越困难了。从社会、文化统合的角度切入的建筑设计，正

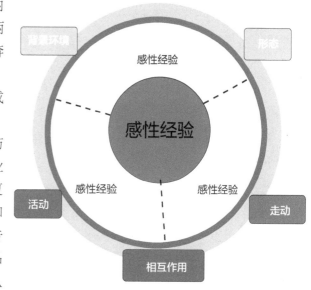

图 9.18　空间——经验设计模型

逐渐定位为企业取得名声的手段。脱离单纯的陈列和销售，通过体验等感性经验，传达企业的形象给消费者。建筑设计往后会从更多元化的层面，通过产品或是平面设计无法提供的新空间体验，来宣传企业的形象以及名声（如图 9.18 所示）。

品牌生存的创造性空间——企业博物馆，是让消费者经验极大化的主要角色，甚至提高了建筑物所在的都市和国家的文化价值。另外，企业博物馆是一个都市的观光资源，同时也主导着社区的主要文化活动和教育等。

参考文献

[1] 张新昌．食品包装设计与营销．北京：化学工业出版社，2008.

[2] 陈润．超预期：小米的产品设计及营销方法．北京：中国华侨出版社，2015.

[3] 尚游．营销渠道：设计、管理与创新．北京：中国物资出版社，2011.

[4] 赵真．工业设计市场营销学．北京：北京理工大学出版社，2008.